全生命周期 BIM 技术应用教程

Bentley 建筑电气及电缆敷设 BIM 应用

孟红俊 主编

郭 杰 王 娜 参编

中国建筑工业出版社

图书在版编目（CIP）数据

Bentley 建筑电气及电缆敷设 BIM 应用/孟红俊主编；郭杰，王娜
参编 .—北京：中国建筑工业出版社，2018.8
全生命周期 BIM 技术应用教程
ISBN 978-7-112-22400-5

Ⅰ. ①B… Ⅱ.①孟… ②郭… ③王… Ⅲ.①建筑设计-计算机辅
助设计-应用软件 Ⅳ.①TU201.4

中国版本图书馆 CIP 数据核字(2018)第 142472 号

　　本书为全生命周期 BIM 技术应用教程之一，全书分为"建筑电气篇"与"电缆敷设
篇"两部分内容。"建筑电气篇"包括建筑电气 AECOsim Building Designer CONNECT E-
dition Electrical 特点、AECOsim Building Designer CONNECT Edition Electrical 功能介绍、
操作流程；"电缆敷设篇"包括三维电缆敷设设计、Bentley Raceway and Cable Manage-
ment 安装和配置、新建工程、参考其他专业图纸、电缆通道设计、设备布置、电缆敷设、
成果输出、Bentley Raceway and Cable Management 设置。

　　本书可供建筑电气智能化、建筑与土木工程、机电一体化等专业设计、施工人员及相
关专业在校师生参考使用。

＊　　　＊　　　＊

　　责任编辑：葛又畅　李　阳
　　责任校对：刘梦然

全生命周期 BIM 技术应用教程
Bentley 建筑电气及电缆敷设 BIM 应用
孟红俊　主编
郭　杰　王　娜　参编

＊

中国建筑工业出版社出版、发行(北京海淀三里河路 9 号)
各地新华书店、建筑书店经销
北京红光制版公司制版
北京富生印刷厂印刷

＊

开本：787×1092 毫米　1/16　印张：16¾　字数：417 千字
2019 年 2 月第一版　2019 年 2 月第一次印刷
定价：**58.00 元**
ISBN 978-7-112-22400-5
(32271)

前　言

建筑信息模型（Building Information Modeling，以下简称BIM）是以建筑工程项目的各项相关信息数据作为模型的基础，进行建筑模型的建立，通过数字信息仿真模拟建筑物所具有的真实信息。它具有信息完备性、信息关联性、信息一致性、可视化、协调性、模拟性、优化性和可出图性等特点。对于传统的二维设计模式，各专业负责各自的设计范畴，极易由于沟通不到位或考虑不周全而导致碰撞问题的发生。三维数字化设计中，各专业采用了协同设计，可以直观地了解其他专业的设计内容，最大限度地减少或杜绝硬碰撞。

建立BIM信息模型时通常以专业作为划分，建立相应建筑、结构、水暖、电气等专业的信息模型，并将各专业信息模型进行整合形成完整的BIM信息模型。

目前建筑电气设计以及电缆设计主要使用传统的二维方式，由设计人员在二维图纸中进行照明设计、弱电设计、电缆敷设，并绘制相应的照明接线图、电缆敷设图纸，手动统计照明以及电缆材料。该种设计方式存在设计效率低下，无法与其他专业进行碰撞检查，手工统计材料与实际施工所需材料存在误差，无法与建筑、结构等专业信息模型进行整合等不足，因此建立基于BIM的建筑电气设计以及电缆敷设系统成为亟待解决的问题。

在建立BIM信息模型的各专业中，对于建筑电气设计中的照明布置、火灾报警、消防、工业电视、通信等设备的布置，可使用AECOsim Building Designer CONNECT Edition中的电气模块（ABD Electrical），三维布置可直观体现空间中设备的位置信息，可根据建筑房间定位设备，也可通过照度计算结果布置设备，使得建筑电气设计人员方便快捷地进行三维设计。

对于电缆桥架模型的建立，可使用Bentley Raceway and Cable Management（BRCM）软件建立相应的电缆桥架、电缆沟、支吊架等电缆通道模型，可参数化建立设备模型，进行电缆敷设，统计材料及电缆长度，与传统的设计手段相比具有可视化、协调性、模拟性、可出图等特点，使得电气设计人员对电缆桥架进行三维设计成为可能。

绘制三维电缆桥架模型的优点在于以实际尺寸建立相应模型，按照实际空间位置布置，利用Bentley Raceway and Cable Management系统提供的碰撞检查功能检查电缆通道与建筑、结构、暖通、给水排水等构件是否碰撞，从而调整设计，提高设计质量；同时1：1的电缆通道能保证统计电缆及桥架的准确性，并能通过编码实现自动统计功能。

本书主要针对初学者学习AECOsim Building Designer CONNECT Edition中的电气模块（ABD Electrical）以及Bentley Raceway and Cable Management（BRCM）使用，通过本书可方便学习如何快速布置灯具、照度计算、绘制电缆通道、电缆敷设、二维出图以及材料表的输出等内容。

目　　录

建筑电气篇

1 建筑电气 ABD Electrical 特点

AECOsim Building Designer CONNECT Edition 中的电气模块（以下简称 ABD Electrical）是一套基于 BIM（Building Information Modeling 建筑信息模型）的建筑电气设计系统，是 Bentley 系列软件建筑行业全生命周期解决方案的重要组成部分。ABD Electrical 利用先进的二、三维工作流技术、智能化的建模系统以及信息化的处理技术，可以快速完成模型创建、图纸输出、材料统计、施工模拟等整个工作流程，满足各个环节的工程需求。同时，ABD Electrical 利用 MicroStation 软件平台强大的工程图形引擎、完善的建筑行业解决方案以及开放的数据接口，保证了数据的唯一性、准确性和扩展性，实现了建筑的信息化创建、施工和管理。

传统的建筑电气设计从"甩开图板"到"电子绘图"经历了巨大变迁，CAD 辅助设计的应用相比手动纸板绘图，极大地提高了设计质量和设计效率，但随着对工程质量的要求的不断提高，二维图纸已经无法满足当前工程设计的要求，三维设计的重要性日益凸显：在空间设计中能实时看到设计效果，并能与其他专业相配合，从而及时对碰撞设计进行修改。

ABD Electrical 的开发基于三维软件的技术平台——MicroStation，平面图和剖面图可以通过视图转换和视图剖切得到，省去了以往空间设计先绘制二维再进行三维转换的过程。设计效果如图 1-1 所示。

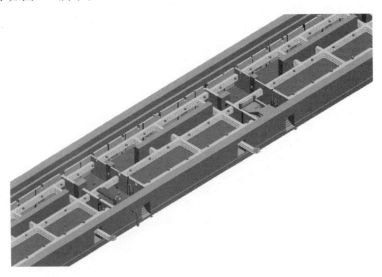

图 1-1　设计效果示意

ABD Electrical 设计内容包括动力及照明系统、火灾报警系统、通信系统、保安系统、2D/3D 同步设计及碰撞检测、智能化设计、电缆桥架设计、支架及托臂设计等。

2 ABD Electrical 功能介绍

2.1 动力及照明系统设计

系统可快速布置灯具。可导入建筑房间信息进行照度计算，并根据计算结果自动布置灯具；也可手动布置灯具，用户可利用点布置方式、阵列方式、沿门开关等多种方式布置灯具。

在选用阵列方式布置灯具时，可选择行列数、灯具样式、高度进行布灯。如图 2.1-1 所示。

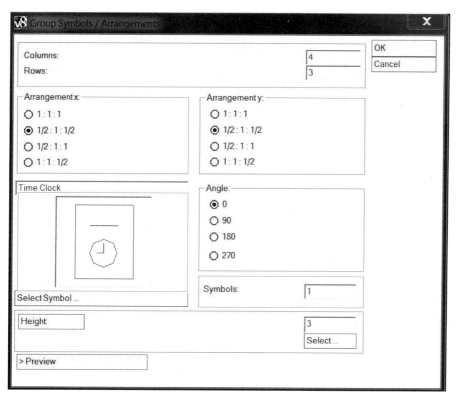

图 2.1-1 阵列布置灯具

用户可方便绘制灯具吊杆，长度可自动设置。如图 2.1-2 所示。

ABD Electrical 可将房间信息导入常用的照度计算软件 Dialux、Relux 中进行逐点照度计算，可计算眩光值、统计材料、输出计算结果，并返回到 ABD Electrical 进行灯具布置。

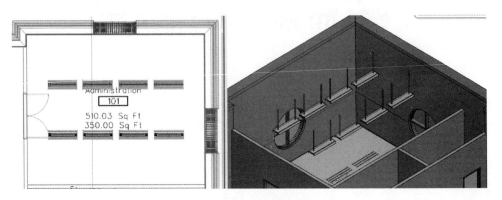

图 2.1-2　绘制灯具吊杆

进行照度计算时，用户可选择房间反射系数、支架安装高度、照度值等参数进行计算。如图 2.1-3 所示。

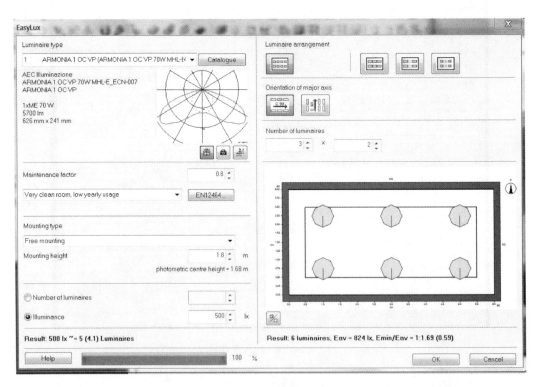

图 2.1-3　照度计算

计算结果可输出，软件提供多种计算结果。如图 2.1-4、图 2.1-5 所示。

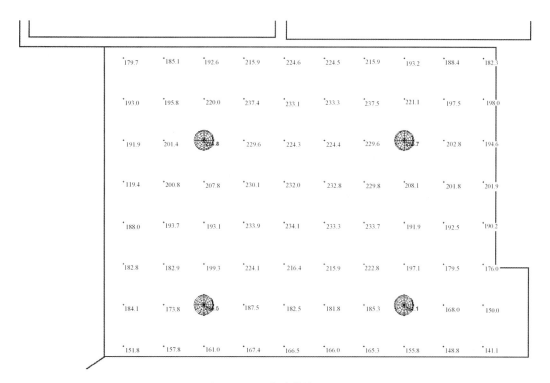

图 2.1-4 逐点计算结果（1）

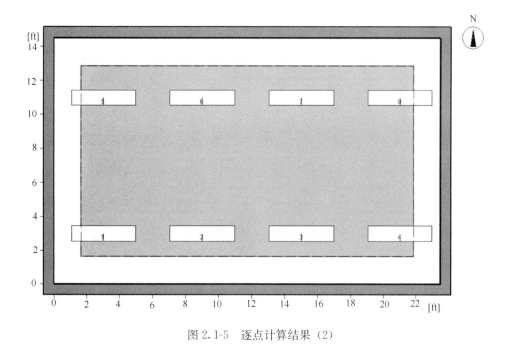

图 2.1-5 逐点计算结果（2）

2.2 火灾报警系统

系统可方便快捷地进行火灾报警布置，可计算烟感、温感探测范围；也可根据烟感、温感探测范围进行自动布置，并可自动生成火灾报警系统图，也可进行材料统计。如图2.2-1～图 2.2-4 所示。

图 2.2-1　火灾报警布置图

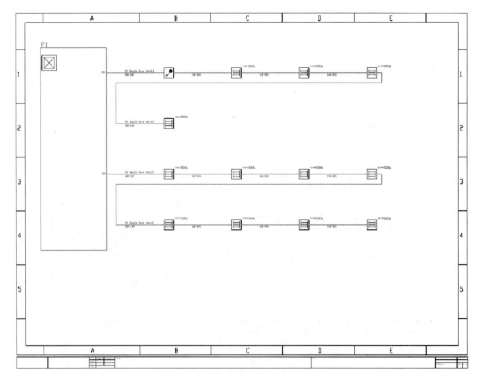

图 2.2-2　火灾报警接线图

Room No	Room Description	Qty	Item	Subtype	
010	Office	15.00	4x18		
011	Office	5.00	HEATDETECTOR CEILING MOUNTED		
014	Office	4.00	HEATDETECTOR CEILING MOUNTED		
016	Office	1.00	SWITCH	2 GANG	
016	Office	4.00	2 FLUOR. LUMINAIRE 1.2		
016	Office	1.00	SMOKEDETECTOR CEILING MOUNTED		
017	Office	1.00	SWITCH	2 GANG	
017	Office	4.00	2 FLUOR. LUMINAIRE 1.2		
017	Office	1.00	SMOKEDETECTOR CEILING MOUNTED		
018	Office	1.00	SWITCH	2 GANG	
018	Office	4.00	2 FLUOR. LUMINAIRE 1.2		
018	Office	1.00	SMOKEDETECTOR CEILING MOUNTED		
019	Office	1.00	SWITCH	2 GANG	
019	Office	4.00	LUMINAIRE	TYPE L1	
019	Office	1.00	SMOKEDETECTOR CEILING MOUNTED		
020	Office	1.00	SWITCH	2 GANG	
023	Office	1.00	DISTRIBUTION BOARD		
039	Electrical	1.00	DISTRIBUTION BOARD		
041	Electrical	1.00	FIRE ALARM PANEL		
041	Electrical	1.00	DISTRIBUTION BOARD		

图 2.2-3 材料清单

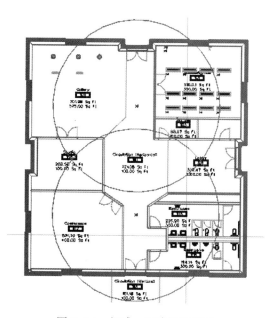

图 2.2-4 烟感、温感探测范围

2.3 桥架设计

系统提供方便、快捷的桥架设计工具。可将中心线批量转化为桥架，手动添加弯通、三通、四通等接头，桥架类型可自定义。用户也可自行绘制桥架，并为用户提供支架、托臂绘制功能。

用户进行手动绘制时，可自行选择桥架样式、规格，可按默认桥架尺寸绘制，也可通过指定桥架路径来绘制。如图 2.3-1 所示。

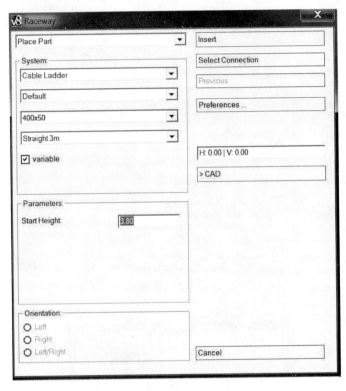

图 2.3-1　桥架设计

用户可先绘制中心线，利用转换中心线工具将其转换为桥架，桥架样式可自行定义。如图 2.3-2、图 2.3-3 所示。

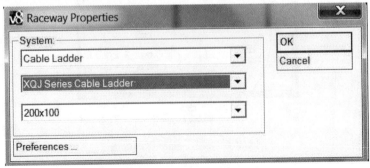

图 2.3-2　中心线转换桥架（1）

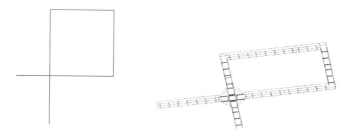

图 2.3-3　中心线转换桥架（2）

用户也可自行绘制桥架，选择桥架样式、变径方式。如图 2.3-4 所示。

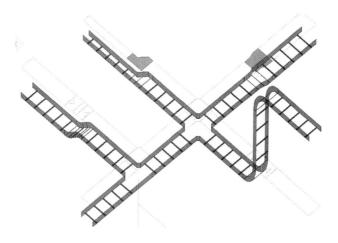

图 2.3-4　桥架设计结果

软件提供支架、托臂绘制功能，用户可选择支架、托臂样式以及沿桥架放置支架、托臂的距离，软件可自动完成支架、托臂绘制。如图 2.3-5 所示。

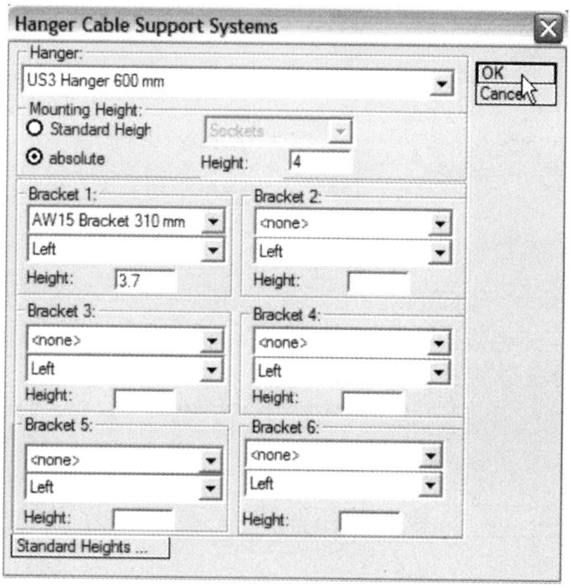

图 2.3-5　布置支、吊架

绘制结果如图 2.3-6 所示。

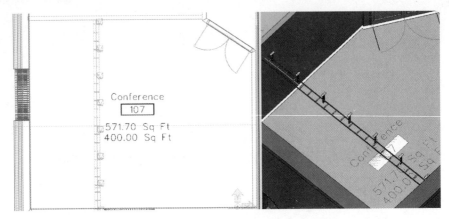

图 2.3-6 支架、托臂

2.4 灯具库的扩充

软件支持多标准符号库，用户可以利用软件提供的 Symbol Manager 功能对灯具进行分类管理，还可以对各种灯具库进行扩充，并包含如下国际标准：

（1）ANSI/IEEE/NFPA；

（2）UK BS；

（3）DIN/VDE。

可提取已经存在的图形添加电气设备参数；符号管理功能可确保 2D/3D 符号便捷入库；设备参数全局修改。如图 2.4-1 所示。

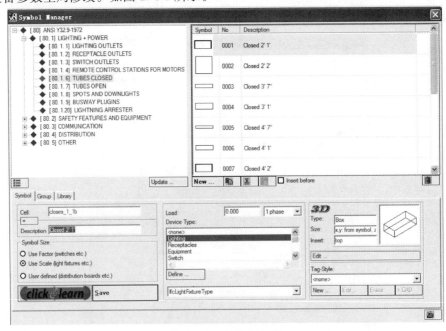

图 2.4-1 扩充灯具库

2.5 设计结果移交

设计结果移交具有以下特点：

（1）平面、断面、剖面同时生成；

（2）由模板自动生成系统图；

（3）工程进度。平面布置图、接线图、照度计算在设计过程中互为参考；

（4）自动生成各种报表。可以生成：材料清单，成本分析，材料汇总表；

（5）图纸多种移交格式。图纸生成格式为：DGN、DWG、PDF、EXCEL 等。如图 2.5-1 所示。

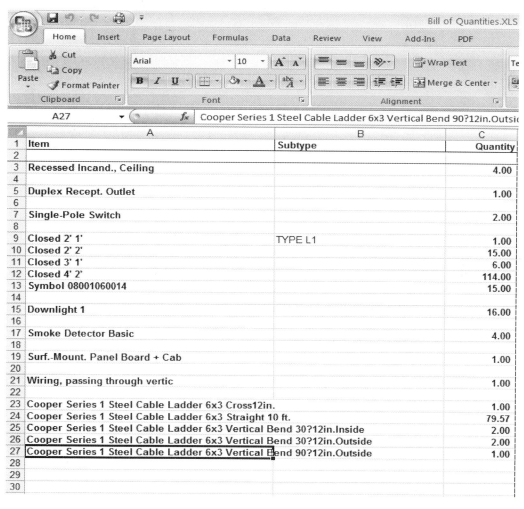

图 2.5-1　统计材料

2.6 与其他专业的协同设计

协同设计特点如下：
(1) Bentley 建筑结构信息 BIM 全面配套；
(2) 多专业协作，充分使用上下游设计信息，提高设计效率；
(3) 碰撞检查。根据设计标准设定安全净距；
(4) 三维可视化设计，结构仿真导航，如图 2.6-1 所示；
(5) IFC 2×2 标准。

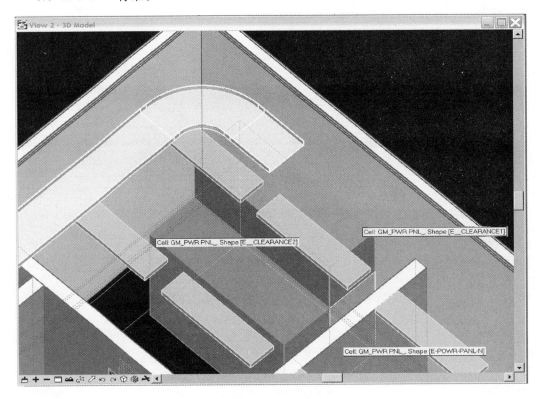

图 2.6-1　设计效果

ZY2.6-1

建筑电气总述

3 操 作 流 程

AECOsim Building Designer CONNECT Edition 和其他大部分 Bentley 设计软件一样，是一款基于 Microstation 平台的三维设计软件，它由建筑、结构、建筑设备（暖通和管道）和建筑电气四大模块构成。本书介绍此软件中的建筑电气所要用到的模块（以下简称 ABD Electrical），其他模块不做介绍。

3.1 工程配置

3.1.1 启动 ABD Electrical

（1）启动软件

如图 3.1.1-1 所示，启动程序 \ 所有程序 \ AECOsim CONNECT Etition \ 命令来打开软件，软件弹出欢迎界面，用户可以查询到一些学习资料以及新闻公告，如图

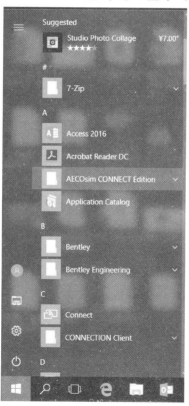

图 3.1.1-1　启动软件

3.1.1-2 所示。点击"启动工作会话"命令，进入工程管理器界面，根据用户的选择打开一个已有文件，或者是在某个项目环境下建立一个空白文件，如图 3.1.1-3 所示。这是因为在 ABD Electrical 中具有项目管理的概念，工程内容是以项目的方式被组织在一起的。

图 3.1.1-2　欢迎界面

图 3.1.1-3　工程管理器

（2）新建文件

点击"新建文件"命令来新建文件。如图 3.1.1-4 所示。

点击"浏览"命令，选择种子文件"DesignSeed _ Electrical.dgn"，点击"Open"，如图 3.1.1-5 所示。

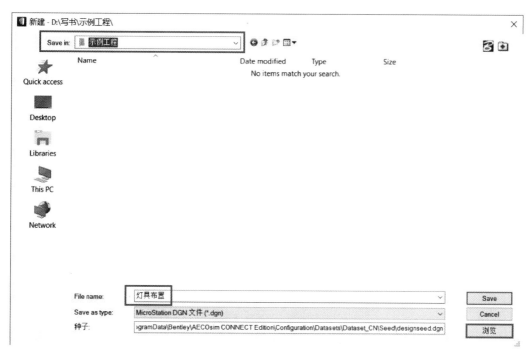

图 3.1.1-4 新建文件

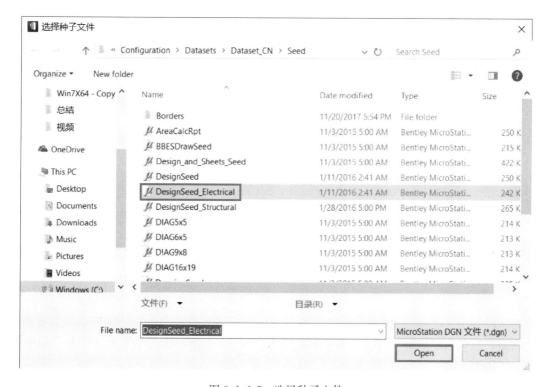

图 3.1.1-5 选择种子文件

新建文件为"一层照明布置",存储于 D：\示例工程下,点击"Save"保存。如图 3.1.1-6 所示。

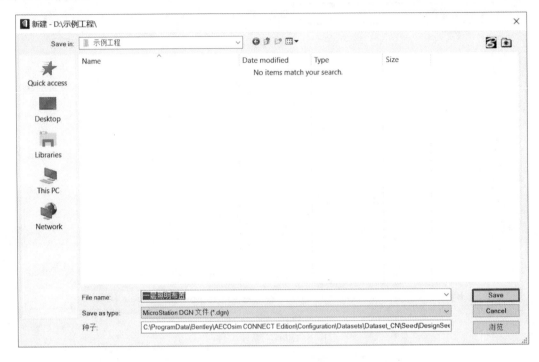

图 3.1.1-6　新建"一层照明布置"文件

软件弹出如图 3.1.1-7 所示对话框,此对话框提示软件不能向后兼容,并不影响使用,点击"确定"即可。

图 3.1.1-7　警告信息框

软件弹出如图 3.1.1-8 所示操作界面对话框,在"视图"命令对话框中,设置显示 2 个窗口,模式为"平铺"模式,第 1 窗口为"顶视图,线框模式",第 2 窗口为"轴侧视图,消隐模式",方便后续建模。

注：确保此文件的主单位为 m,分辨率为 10000/m,也即 10/mm。

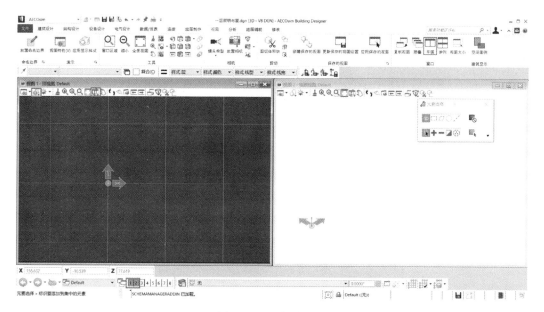

图 3.1.1-8　操作窗口

点击"菜单-文件 \ 设置 \ 文件 \ 设计文件设置",可设置文件的工作单位。如图 3.1.1-9
所示。

图 3.1.1-9　设置界面

点击"电气设计"命令中的"加载电气"选项,如图 3.1.1-10 所示。

ABD Electrical 后台以数据库支撑,启动 ABD Electrical 时,系统会自动启动数据库
来支持其运行。当启动软件后,会发现在任务条里多出一个窗口,这个窗口是后台运行的
数据库程序,不能关闭它,否则系统无法正常工作。如图 3.1.1-11 所示。

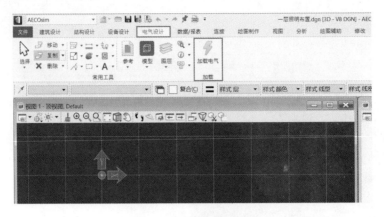

图 3.1.1-10 加载电气

图 3.1.1-10 ABD Electrical 数

图 3.1.1-11 ABD Electrical 数据库

（3）初始设置

点击"文件＼设置＼用户＼首选项"可进行初始设置。如图 3.1.1-12 和图 3.1.1-13 所示，设置"输入"选项以及"操作"选项。

图 3.1.1-12 ESC 退出命令

启动ABD

图 3.1.1-13　退出保存设置

勾选 "ESC 退出命令"：在使用命令绘图的时候，可以通过 "ESC 键" 退出当前命令；

勾选 "退出时保存设置"：用户的一些常用设置（例如：将捕捉命令作为工具栏保存），在退出软件的时候，会保存下来，下次打开的时候，不需要再设置。

3.1.2　工程配置

建筑电气文件是以数据库为支撑的，有很强的 "逻辑连接" 性，设备的连接信息均存储于数据库中，布置三维设备后，设备间接线、设备属性将存储于数据库中，从而可自动生成照明接线图、材料表等。

（1）注册文件

当建立一个建筑文件时，只建立一个 dgn 文件是不够的，此时所有的操作命令都不可用。如图 3.1.2-1 所示。

工程配置

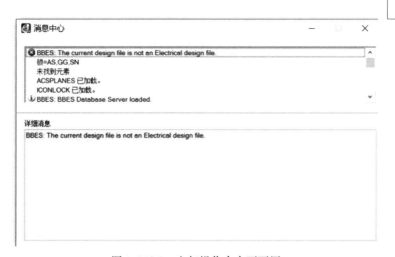

图 3.1.2-1　电气操作命令不可用

需要注册后，系统方可识别其为一个电气设计文件。

点击"电气设计"命令下的"注册文件"，如图 3.1.2-2 所示。

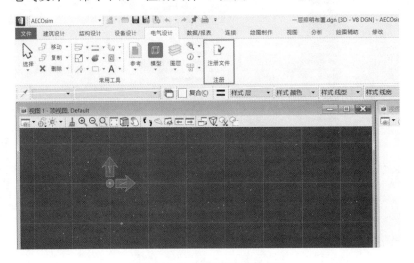

图 3.1.2-2　注册当前文件（1）

软件弹出如图 3.1.2-3 所示对话框。

图 3.1.2-3　注册当前文件（2）

点击"OK"按钮后，软件弹出如图 3.1.2-4 所示对话框。

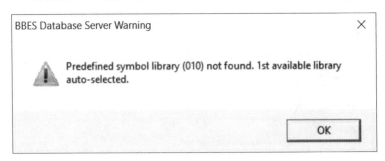

图 3.1.2-4　警告图库不存在

此对话框提示 010 图库不存在，不影响使用，点击"OK"命令，软件弹出如图 3.1.2-5 所示对话框。

（2）电气设备库设置

"My Symbols"设置默认的电气设备库。点击"Symbol Manager…"可自行添加电

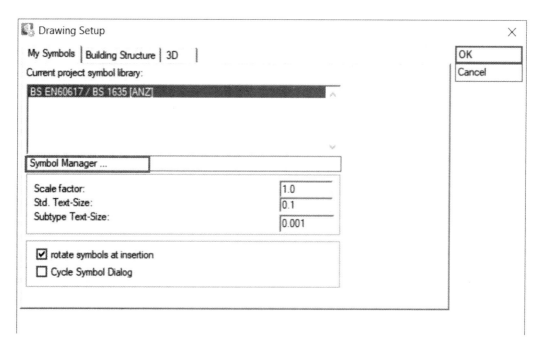

图 3.1.2-5 图纸设置

气图库以及增加电气设备。

（3）楼层设置

"Building Structure"设置当前项目的楼层结构。如图 3.1.2-6 所示。

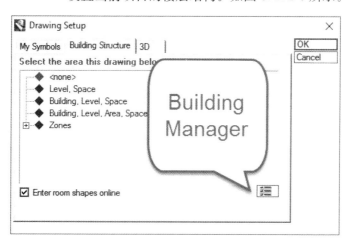

图 3.1.2-6 楼层设置

点击"Building Manager"可定义当前项目的楼层，如图 3.1.2-7 所示。

定义完后，如图 3.1.2-8 所示。

点击名称为："一层照明布置"的楼层，点击"OK"，设置当前文件的楼层。楼层区域的设置是为了定位电气设备的位置。

（4）3D

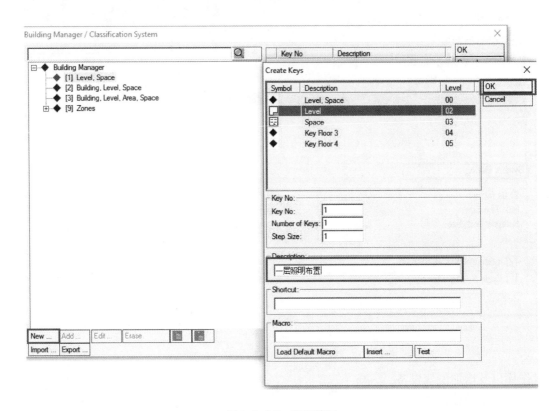

图 3.1.2-7 定义楼层

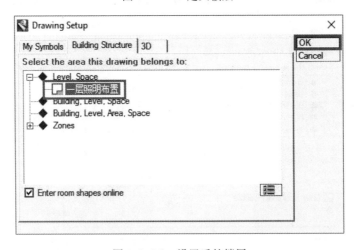

图 3.1.2-8 设置后的楼层

"3D"选项卡定义设备的空间信息。如图 3.1.2-9 所示。

"Floor Level"输入当前楼层的绝对标高，工作单位为 m。

"Celling Height"为天花板相对于当前楼层的相对标高。在后续放置电气设备时，引用的都是相对标高。

例如：建筑楼有五层，当前楼层为第五层，每层层高为 5m，则"Floor Level"为 20m（第四层的顶板，第五层的底板），"Celling Height"为 5m，如果放置某个灯具设置

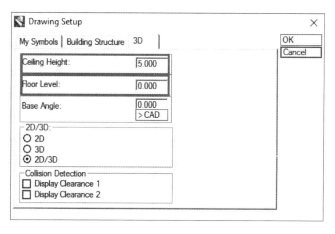

图 3.1.2-9　3D 选项

为 4m，则灯具的实际高度为：20＋4＝24m。

> *注：如果布置的灯具所在层不是标准层，而是错层，则"Celling Height"为标准层高的天花板高度，错层的天花板高度，放置符号时，手动输入。*

2D/3D 可初设电气模型显示方式，是二、三维同步显示，还是只显示二维图例或三维模型。

"注册文件"以及"文件设置"，也可通过点击"菜单-文件\设置\建筑\电气设置"下的命令来激活。如图 3.1.2-10 所示。

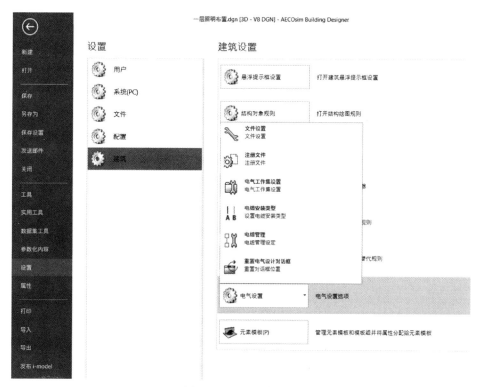

图 3.1.2-10　电气设置

点击"OK",注册完后,软件加载电气命令。如图 3.1.2-11 所示。

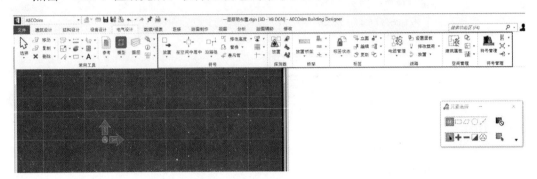

图 3.1.2-11　加载电气命令

注册文件并完成工程配置后,在 DGN 文件的同目录下,系统会自动生成一个"_bbes"的文件夹。如图 3.1.2-12 所示。

Name	Date modified	Type	Size
ADR.DBF	8/28/2017 10:24 AM	DBF File	1 KB
ADR.DBT	8/28/2017 10:24 AM	DBT File	1 KB
AOK.DBF	8/28/2017 10:24 AM	DBF File	1 KB
AOK.DBT	8/28/2017 10:24 AM	DBT File	1 KB
BBES.INI	8/28/2017 10:44 AM	Configuration settings	1 KB
CMDATA.DBF	8/28/2017 10:24 AM	DBF File	2 KB
CMDATA.DBT	8/28/2017 10:24 AM	DBT File	1 KB
CMLINKS.DBF	8/28/2017 10:24 AM	DBF File	1 KB
CMLINKS.DBT	8/28/2017 10:24 AM	DBT File	1 KB
CMSTRUCT.DBF	8/28/2017 10:24 AM	DBF File	1 KB
CMSTRUCT.DBT	8/28/2017 10:24 AM	DBT File	1 KB
DWGMAN.DBF	8/28/2017 10:24 AM	DBF File	1 KB
DWGMAN.DBT	8/28/2017 10:24 AM	DBT File	1 KB
DWGMANIX1.NTX	8/28/2017 10:24 AM	NTX File	2 KB
ECHEIGHT.DBF	8/28/2017 10:24 AM	DBF File	1 KB
ECHEIGHT.DBT	8/28/2017 10:24 AM	DBT File	1 KB
ECOBS.DBF	8/28/2017 10:56 AM	DBF File	1 KB
ECOBS.DBT	8/28/2017 10:24 AM	DBT File	1 KB
ECOBSIX1.NTX	8/28/2017 10:56 AM	NTX File	2 KB
EQFLINK.DBF	8/28/2017 10:24 AM	DBF File	1 KB
KABLINK.DBF	8/28/2017 10:24 AM	DBF File	1 KB
PLAN_LIS.CAD	8/28/2017 10:24 AM	CAD File	1 KB
PLAN_LIS.DBF	8/28/2017 10:24 AM	DBF File	2 KB
PLAN_LIS.DBT	8/28/2017 10:24 AM	DBT File	1 KB
PLAN_LIS.NTX	8/28/2017 10:24 AM	NTX File	2 KB
PROJECT.DBF	8/28/2017 10:24 AM	DBF File	1 KB
PROJECT.DBT	8/28/2017 10:24 AM	DBT File	1 KB
QSREVS.DBF	8/28/2017 10:24 AM	DBF File	1 KB
QSREVS.DBT	8/28/2017 10:24 AM	DBT File	1 KB
QSSET.DBF	8/28/2017 10:24 AM	DBF File	1 KB
QSSET.DBT	8/28/2017 10:24 AM	DBT File	1 KB
VERTLINK.DBF	8/28/2017 10:24 AM	DBF File	1 KB
VSLINK.DBF	8/28/2017 10:24 AM	DBF File	1 KB
一层照明布置.DBT	8/28/2017 10:24 AM	DBT File	1 KB
一层照明布置.EDB	8/28/2017 10:24 AM	EDB File	1 KB
一层照明布置.EX1	8/28/2017 10:24 AM	EX1 File	2 KB

图 3.1.2-12　项目数据库存储文件

3.2　楼层管理

参考建筑模型

建筑模型里具备房间（space）的概念，在放置电气设备或者照度计算时，可以利用这些"房间"的区域来布置设备。这些房间对象既可以在电气模块里建立，也可以从建筑模块（ABD）或者第三方软件中导入，例如Revit。

3.2.1　参考建筑模型

点击"电气设计"下的"参考"命令可参考建筑模型。如图3.2.1-1所示。

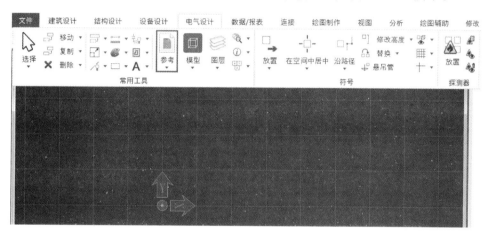

图 3.2.1-1　参考建筑模型

参考示例文件"Electrical_2.dgn"文件。如图3.2.1-2所示。

图 3.2.1-2　参考"Electrical_2.dgn"文件

勾选"保存相对路径",只要当前文件与参考文件的相对路径不变,则参考不会丢失。选择嵌套连接为"实时嵌套",嵌套深度为"1"。参考的文件本身还参考了其他文件,则选择"嵌套参考",如果参考的文件本身没有参考其他文件,则选择"无嵌套"。

参考为 Bentley 特有的一项技术,在布置电气设备模型时,可利用参考技术参考别的模型进行定位,参考只是引用别的模型,不会将别的模型导入,也不会更改参考模型。如图 3.2.1-3 所示。

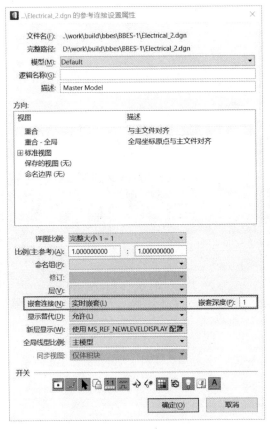

图 3.2.1-3 嵌套参考

3.2.2 导入建筑房间

操作菜单如图 3.2.2-1 所示。

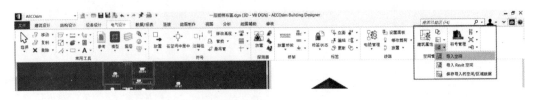

图 3.2.2-1 操作菜单

点击"电气设计"命令下的"建筑属性"命令框可完成此操作。此操作前提是建筑房间已定义好,在布置电气设备时,即可导入房间信息。如图 3.2.2-2、图 3.2.2-3 所示。

图 3.2.2-2　建筑属性对话框

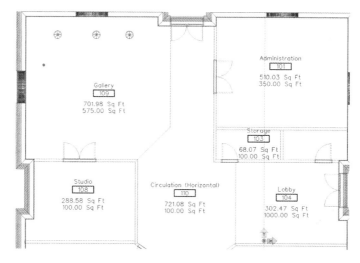

图 3.2.2-3　带房间信息的建筑模型

操作步骤如下：

第一步，框选需要导入的房间；

第二步，点击"导入空间"命令；

第三步，点击 ESC 键或者点击 🖱选择 退出当前命令；

第四步，框选需要导入的房间，点击"保存导入的空间/区域数据"命令，保存房间信息，如图 3.2.2-4 所示。

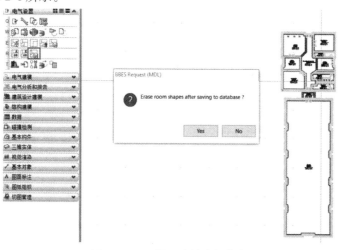

图 3.2.2-4　导入建筑房间信息

点击"Yes"命令，软件弹出如图 3.2.2-5 所示对话框。

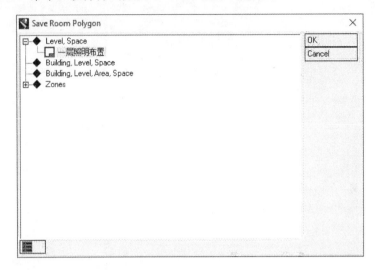

图 3.2.2-5　保存房间

用户需明确导入的建筑房间信息存储在哪个层上，本示例中选择"一层照明布置"，点击"OK"进行存储。

导入后，在楼层管理器中，可查看已导入的房间。如图 3.2.2-6 所示。

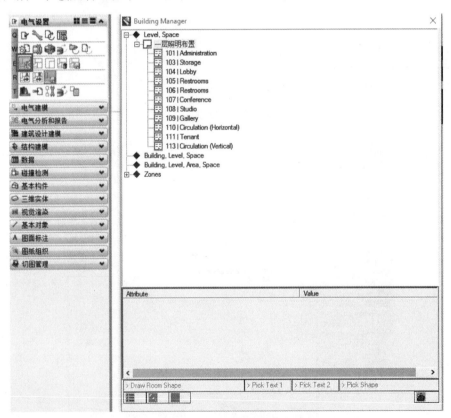

图 3.2.2-6　详细房间信息

点击某一房间，例如："101 Administration"，点击放大镜，可查看当前房间的信息。如图 3.2.2-7 所示。

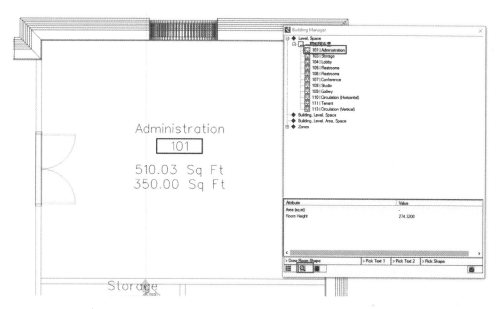

图 3.2.2-7　查看房间 101 信息

3.2.3　建立房间信息

ZY3.2.3-1

建筑房间管理

用户也可在电气模块中建立房间（space）信息。如图 3.2.3-1 所示。

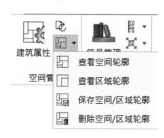

图 3.2.3-1　建筑属性命令框

点击"电气设计"命令下的"建筑属性"命令框可完成此操作。

【示例】创建一个 102 房间。步骤如下：

（1）点击"建筑属性"命令，点击左下角的"Building Manager"命令可创建新的房间。

（2）鼠标放置在"［1.1］一层照明布置"层上，点击"New…"命令新建房间。如图 3.2.3-2 所示。

"Room/Zone No"输入"102"；

"Room/Zone Name"输入"working room"。

点击"OK"确认。102 房间信息被加入房间列表中并以蓝色显示。

（3）点击"102｜working room"，点击"Draw Room Shape"命令绘制房间，或者点

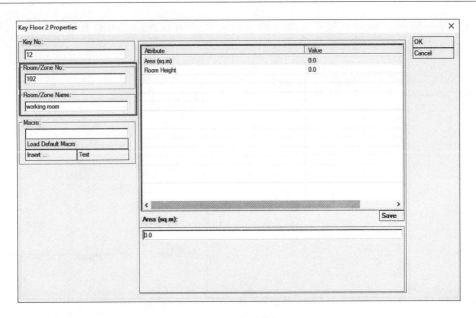

图 3.2.3-2　新建房间（1）

击"Pick Shape"命令拾取图形来定义房间。"Draw Room Shape"通过左键逐点选取图形节点，右键结束，选择图形完毕。"Pick Shape"，框选或者点选一个封闭区域。如图3.2.3-3 所示。

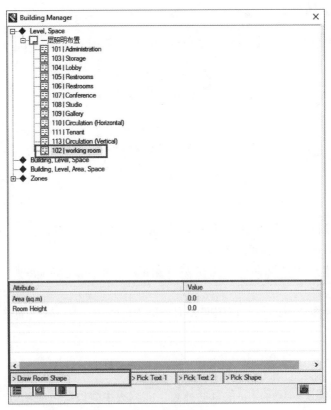

图 3.2.3-3　新建房间（2）

完成 102 房间的定义后，此时 102 房间的颜色也将变成红色。如图 3.2.3-4 所示。

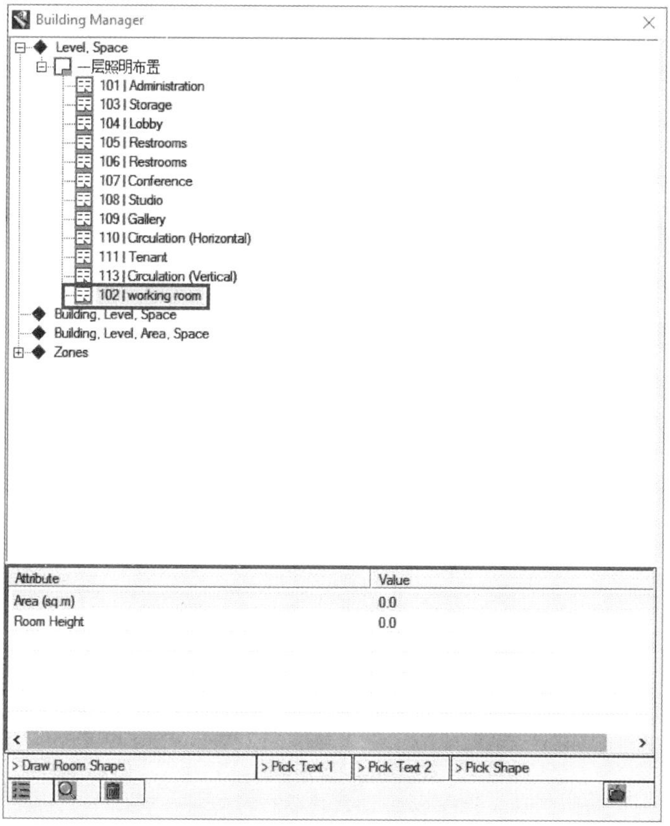

图 3.2.3-4　新建房间（3）

点击放大镜可查看房间信息。如图 3.2.3-5 所示。

图 3.2.3-5　查看房间

（4）点击"E-2 查看空间轮廓"可插入房间的"Label"。如图 3.2.3-6 所示。

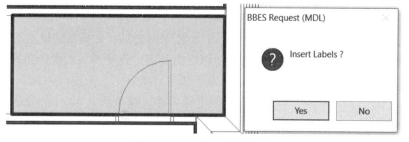

图 3.2.3-6　插入房间 Label

点击"Yes",添加房间信息。如图 3.2.3-7 所示。

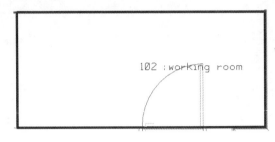

图 3.2.3-7　添加房间信息

加载房间信息后,即可按照房间来对设备进行布置以及照度计算。

3.3　电气模型放置

ABD Electrical 提供了多种方式布置电气模型。如图 3.3-1 所示。

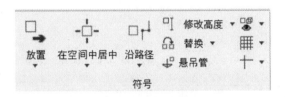

图 3.3-1　电气模型布置菜单

3.3.1　电气模型布置

(1) 自由式布置。如图 3.3.1-1 所示。

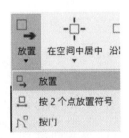

图 3.3.1-1　自由式布置菜单

自由布置的方式与 MircroStation 中 cell 放置方式类似,只是在这里,需要定义设备安装高度,这个功能不受房间信息影响,可以自由使用,方便灵活,居中布置。

【示例】布置配置箱,高度为 0.3m。

点击"放置"命令布置配电箱。选择配电箱,输入高度为:0.3m,可选择方向。如图 3.3.1-2 所示。

点击"OK"后,设置照明箱的长度、宽度。如图 3.3.1-3 所示。

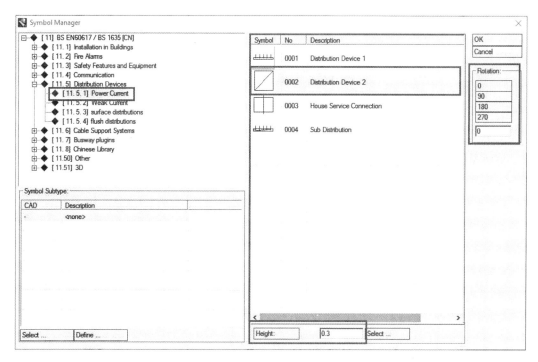

图 3.3.1-2　布置配电箱

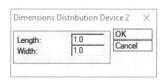

图 3.3.1-3　定义照明箱

点击"OK"后，利用精确绘图坐标系，放置照明箱在合适的位置，可以利用 MicroStation 的精确绘图命令来定位。如图 3.3.1-4 所示。

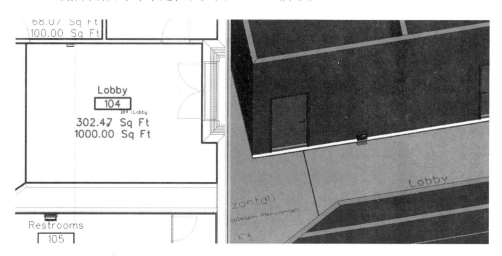

图 3.3.1-4　已放置好的照明箱

（2）矩阵布置

放置灯具时，通常对照度、距墙距离、行列数有一定要求，这时用矩阵布置比较方便。

【示例】选择会议室"Lobby104"，则房间被高亮选中，行列数分别为"4"和"3"，距墙 XY 距离均为"1/2"，预览布置效果如下，如果满足了设计要求，点击"OK"即可。

点击"在空间中居中＼在空间中"命令布置灯具，软件弹出如图 3.3.1-5 所示对话框，设置布置方式、高度等。

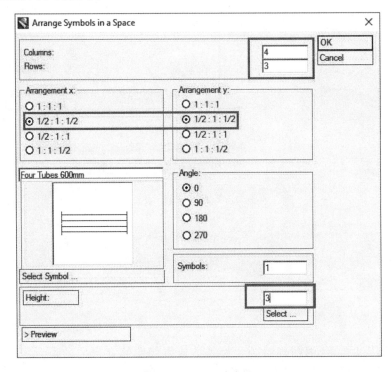

图 3.3.1-5　矩阵布置

点击"OK"，布置灯具。如图 3.3.1-6 所示。

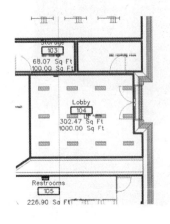

图 3.3.1-6　已布置好的灯具

（3）居中布置

居中布置是利用了房间空间的优势，选择了建筑图的空间信息后，软件自动寻找空间的中心点，放置的位置是空间的中心位置，如果此空间没有被定义，则此功能无效。

主要用于房间居中布置烟感、温感等探测器。

点击"在空间中居中\在空间中居中"命令布置设备。如图 3.3.1-7 所示选择设备。

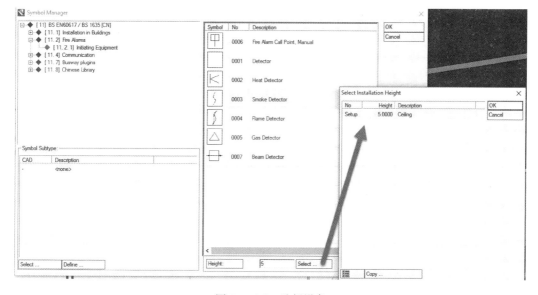

图 3.3.1-7　选择设备

可选择天花板的高度，也可自定义多个常用高度进行选择，还可手动输入高度值。

点击"OK"后，鼠标左键选择房间左上角，鼠标右键选择房间右下角，则出现如下红色区域，点击回车键锁轴，点击鼠标左键确认，选中的探头自动放置在了房间中心位置。如图 3.3.1-8 所示。

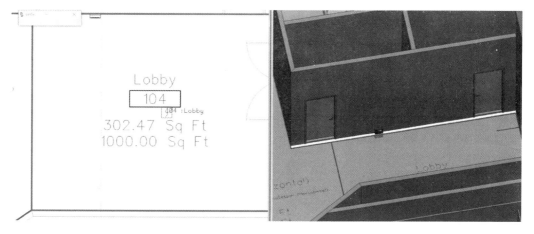

图 3.3.1-8　居中布置设备

注：如果房间没有红色高亮显示，则表示房间导入信息不正确，需要重新定义房间空间信息，或者手动选择房间信息。

（4）两点间布置

此功能主要针对一些需要布置在墙上的设备，比如插座、开关、壁灯等，布置时，基点可以任意选择墙上的一点，第一点则为设备布置的基础点，第二点沿墙的方向指定一个墙面即可，跟插入设备的位置没有关系，相对关系只与第一点相关。

点击"放置\按2个点放置符号"放置符号。如图3.3.1-9所示。

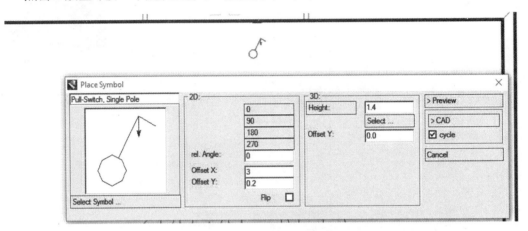

图3.3.1-9　两点放置符号

点击">CAD"布置开关。如图3.3.1-10所示。

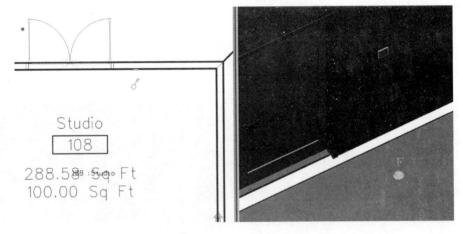

图3.3.1-10　布置开关

（5）根据安全距离布置

这种布置方式允许用户用指定半径内安全距离方式进行设备的安装布置。对于感烟探头、感温探头、报警装置、闪控装置的布置有非常大的帮助。当用户导入一个空间时，需要计算在安全距离覆盖范围内需要布置多少个设备，现在只需要定义好设备的安全净距半径即可，不需要手动计算了。

【示例】选择房间 Studio（108），设定 Radius 为 3m，安装高度是 5m，先预览下布置效果，会发现在房间中，如果安全净距为 3m，则需要的探头为 2 个，修改安全净距为 5m，则只需要 1 个探头就能满足设计要求。确定要布置的结果，点击 CAD 即可。

根据安全距离布置

点击"在空间中居中 \ 按覆盖半径放置符号"命令，放置温感。如图 3.3.1-11 所示。

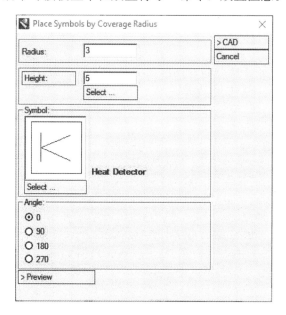

图 3.3.1-11　根据安全距离布置设备

点击">CAD"命令，布置温感。如图 3.3.1-12 所示。

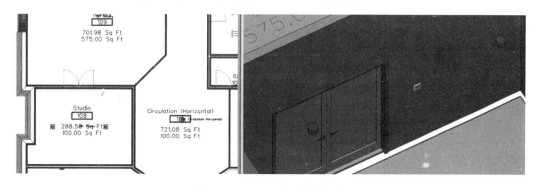

图 3.3.1-12　已布置好的温感

（6）布置灯具吊杆

某些灯具不是布置在天花板上，则需要吊杆来将灯具吊到天花板上进行固定，例如上述示例中房间"Lobby（104）"中矩阵布置的荧光灯，高度为 3m，则需要布置吊杆。

点击"悬吊管"命令布置吊杆。如图 3.3.1-13 所示。

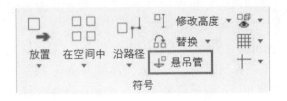

ZY3.3.1-6

布置灯具吊杆

图 3.3.1-13　灯具布置菜单

操作过程如下：

1）框选需要布置吊杆的灯具；

2）点击命令"悬吊管"；

3）选择吊杆（居中布置还是两杆吊撑）。

① 居中布置吊杆

如图 3.3.1-14 所示布置。

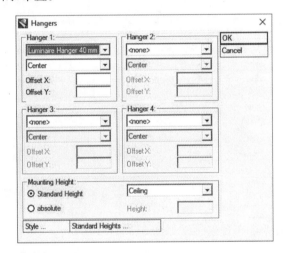

图 3.3.1-14　灯具操作选项设置

结果如图 3.3.1-15 所示。

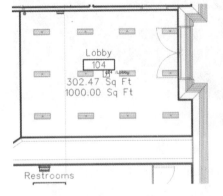

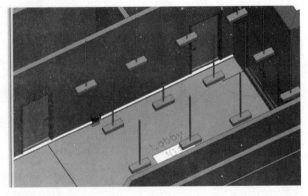

图 3.3.1-15　布置好的灯具

② 两杆吊撑

如图 3.3.1-16 所示布置。

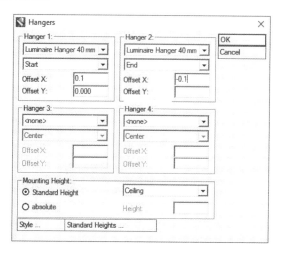

图 3.3.1-16 吊撑操作选项设置

结果如图 3.3.1-17 所示。

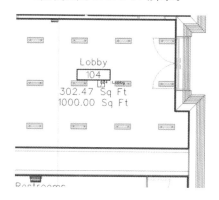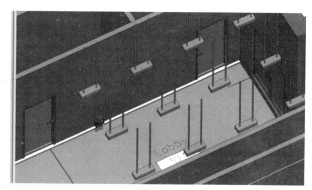

图 3.3.1-17 布置好的吊撑

3.3.2 电气模型修改

点击"电气设计\符号"下的"修改高度"命令行可进行修改等操作。
如图 3.3.2-1 所示。

图 3.3.2-1 命令菜单

（1）修改符号高度

每一个三维符号都有一个高度信息，可以根据实际工程需要进行高度调整。在此有两种方法可以改变高度信息：绝对高度和相对高度。

绝对高度将赋予设备一个新的高度；相对高度则会在现有高度基础上进行调整。

如图 3.3.2-2 所示，改变荧光灯绝对高度从 3m 到 4m；或者改变相对高度 1m，均可达到相同的调整效果。

操作步骤如下：

1）框选或者点选（可用 Ctrl 多选）想要修改高度的符号；

2）点击"修改高度"命令，修改高度值。如图 3.3.2-2 所示。

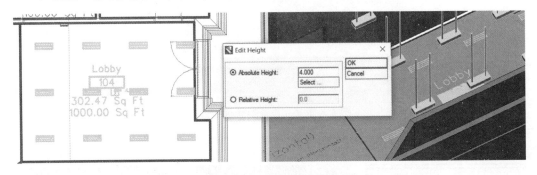

图 3.3.2-2　修改高度值

3）结果如图 3.3.2-3 所示。

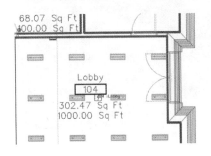
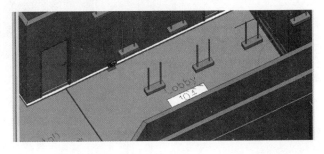

图 3.3.2-3　修改后的高度

（2）替换符号

点击"💠 替换"命令，可将已有符号替换为新的符号，所用命令如图 3.3.2-4 所示。

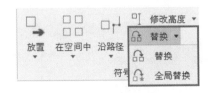

图 3.3.2-4　替换符号菜单

操作步骤如下：

1）插入新的符号。如图 3.3.2-5 所示。

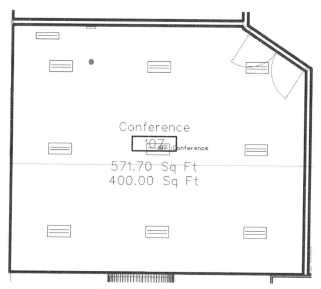

图 3.3.2-5　插入新符号

2）框选或点选（Ctrl 可多选）所要替换的符号，点击"替换"命令，点击新插入的符号，软件提示如图 3.3.2-6 所示。

图 3.3.2-6　替换符号

用户可根据需要选择"是否保持新插入符号的角度"以及"是否删除源符号"选项。

3）点击"OK"替换为新的符号。如图 3.3.2-7 所示。

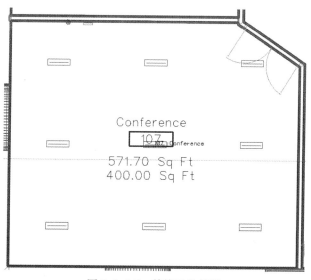

图 3.3.2-7　替换后的符号

41

（3）全局替换

"全局替换"命令可批量替换所选符号。

操作步骤如下：

1）框选或者点选（Ctrl 可多选）所需替换的符号。

2）点击"全局替换"。如图 3.3.2-8 所示。

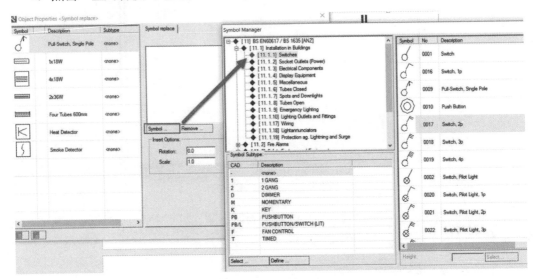

图 3.3.2-8　全局替换

对话框左端显示所框选的需要替换的所有类型的符号。

点击"Symbol…"命令可选择希望替换的新的符号。

点击"OK"批量替换。

（4）对齐方式

菜单如图 3.3.2-9 所示。

图 3.3.2-9　对齐方式菜单

软件提供了多种对齐方式：按 2 个点对齐 3D 符号；将 3D 符号与符号对齐；按中心对齐 3D 符号等方式来将已有的三维模型对齐。

3.3.3　电气模型显示

电气符号多数情况下都是 2D 和 3D 的复合符号，需要同时显示二维和三维信息。这样设计者可以根据自己的实际情况做出选择，即使在 File Design Setup 2D/3D 设置中做了相关的设定，也可以随时根据需要进行重

ZY3.3.3-1

电气模型显示

新设定。如图 3.3.3-1 所示。

图 3.3.3-1 电气模型菜单

框选电气模型，点击如图 3.3.3-1 所示命令，可设置电气模型的显示方式，是只显示二维图例或三维模型还是二、三维同步显示。

3.4 照度计算

建筑电气设计中照度计算是必不可少的部分，传统的设计方法中，电气工程师需要人工判断建筑物每个房间相关信息，计算的大量数据需要人工输入，效率低下，无法保证准确性。

在 BIM 模式下，照度计算根据建筑模型提取到数据与软件提供的计算规范数据库进行数据一一对应和照度计算。计算完成可导出 PDF 等计算书。

点击"分析\电气设计"下的计算命令可完成照度计算。如图 3.4-1 所示。

图 3.4-1 照度计算菜单

ABD Electrical 通过第三方照度计算软件来完成照度计算，目前主要应用常用的 Relux 或者 Dialux 进行计算，本例中讲解 Relux 示例，用户可下载免费的 Relux 或 Dialux 软件进行计算。

ABD Electrical 提供两种方式：根据照度计算值自动布置灯具；根据经验值布置灯具后，进行照度模拟校验。

3.4.1 根据照度计算值自动布置灯具

操作过程如下：

（1）导入 ABD 房间到 Relux 中进行计算

点击"Relux"命令，选择房间，鼠标左键点击房间左上角，右键点击右下角来选择房间，如果选择的图形不是一个房间（space），鼠标左键依次点击图形节点，右键结束来选择闭合图形构建一个房间。

ZY3.4.1-1

根据照度计算值
自动布置灯具

房间高亮，并弹出如下图 3.4.1-1 "Lighting Analysis"对话框。如图 3.4.1-1 所示。

下图中，点击"Setup Analysis"，来设置 Relux 安装的路径，注意：Relux 默认安装

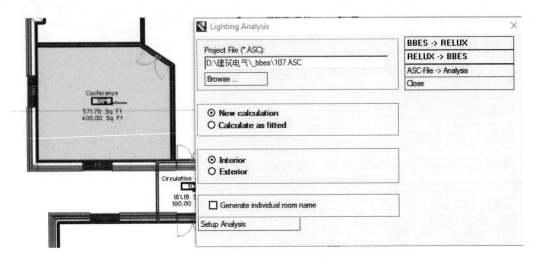

图 3.4.1-1 选择房间

在：C：\ Program Files 下，如果操作系统为 64 位，需更改路径为如下图 3.4.1-2 所示路径。

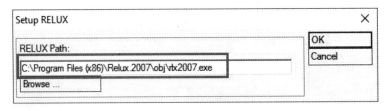

图 3.4.1-2 更改路径

点击"BBEX-〉RELUX"进入 Relux 操作界面。如图 3.4.1-3 所示。

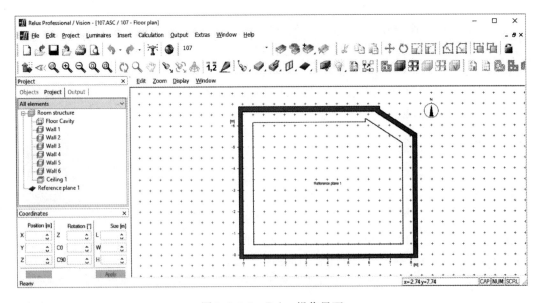

图 3.4.1-3 Relux 操作界面

（2）在 Relux 中添加光源

点击菜单命令"Luminaries"下的"Selection…"，可添加光源。如图 3.4.1-4 所示。

图 3.4.1-4　选择光源（1）

软件弹出如图 3.4.1-5 所示对话框。

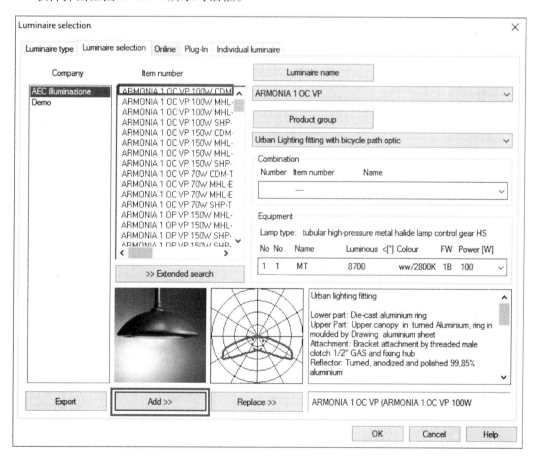

图 3.4.1-5　选择光源（2）

用户可通过多种方式添加光源，Luminaire selection（选择某一光源库中的灯具）、Online（网上 Relux 光源库中的光源，如果能联网，可直接连接 Relux 光源库）、Plug-in（Relux 插件库）、Individual luminaire（导入 ＊.LDC 格式的光源库）。

本例中选择"Luminaire selection"，从已安装的光源库中添加光源。如图 3.4.1-5 所示。选中某一光源，点击"Add＞＞"命令添加光源。

（3）照度计算

点击菜单："Luminaries \ EasyLux…"命令进行照度计算。如图 3.4.1-6 所示。

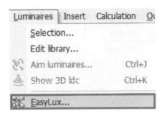

图 3.4.1-6　照度计算（1）

软件弹出如图 3.4.1-7 所示对话框。

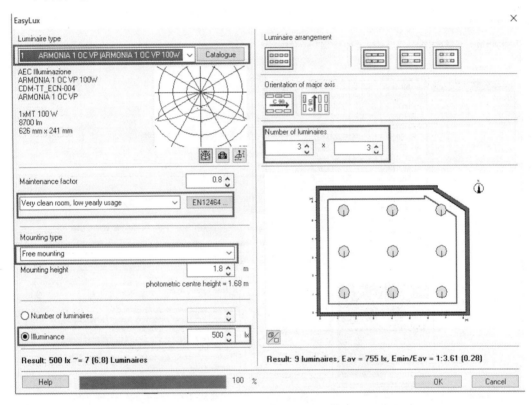

图 3.4.1-7　照度计算（2）

"Catalogue"中可选择其他光源进行计算；

"Maintenance factor"可设置房间的反射系数；

"EN12464…"可设置房间的清洁度；

"Mounting type"可设置灯具的安装方式；

"Mounting Height"可设置灯具的安装高度；

"illuminance"可设置光通量；

"Number of luminaires"可设置灯具的排列方式；

点击"OK"，软件自动根据逐点计算法进行照度计算。

（4）保存计算结果

点击"Save" 💾命令，保存计算结果。

（5）发布照度计算结果

软件提供不同的显示样式。操作命令如图 3.4.1-8 所示。

图 3.4.1-8　显示样式菜单

结果如图 3.4.1-9～图 3.4.1-13 所示。

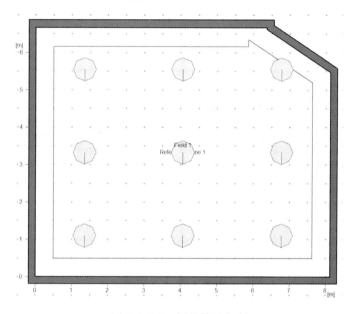

图 3.4.1-9　灯具排列方式

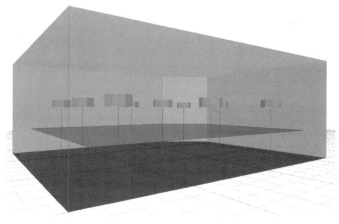

图 3.4.1-10　3D 显示方式

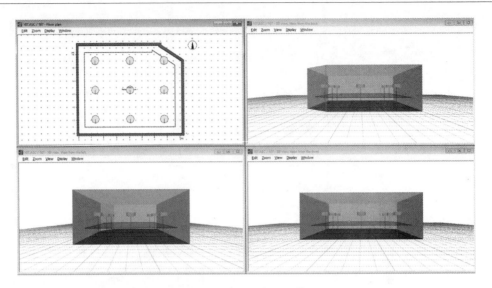

图 3.4.1-11 全局预览

图 3.4.1-12 3D中光照分布

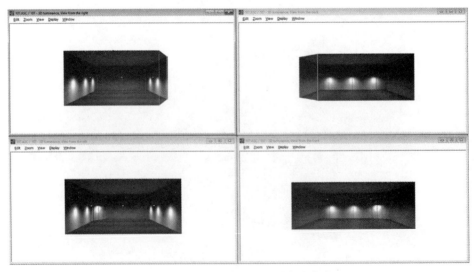

图 3.4.1-13 四个视图显示光源分布

照度计算结果也可打印为多种形式。操作命令如图 3.4.1-14 所示。

图 3.4.1-14　照度计算结果菜单

结果如图 3.4.1-15～图 3.4.1-19 所示。

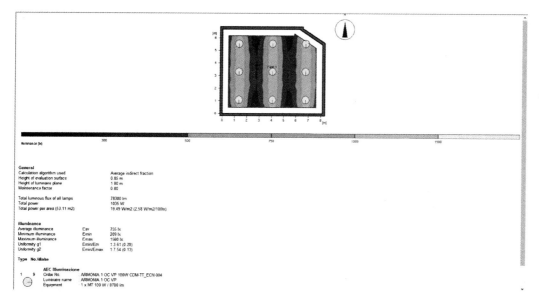

图 3.4.1-15　当前工程中照度计算结果

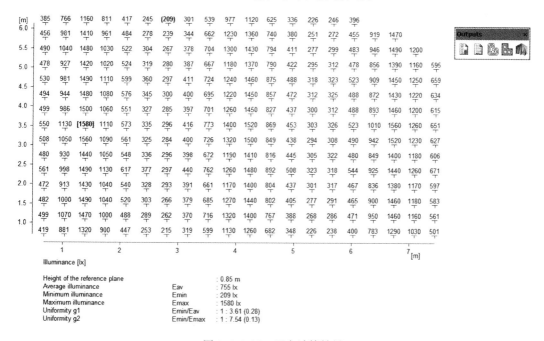

图 3.4.1-16　逐点计算结果

49

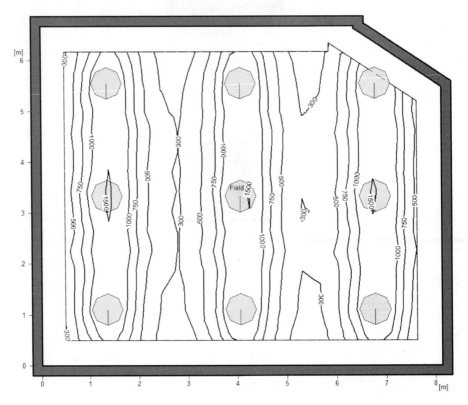

图 3.4.1-17 等照度线

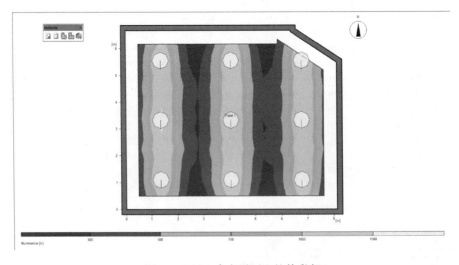

图 3.4.1-18 参考平面上的伪彩色

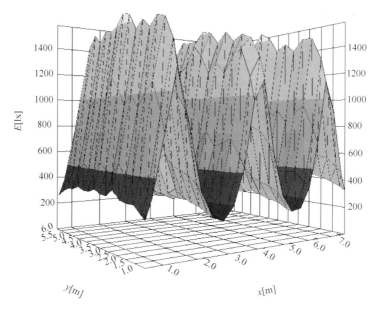

图 3.4.1-19　三维空间照度显示

点击菜单"Output \ Print…"可将结果打印到打印机或者 PDF 格式。如图 3.4.1-20 所示。

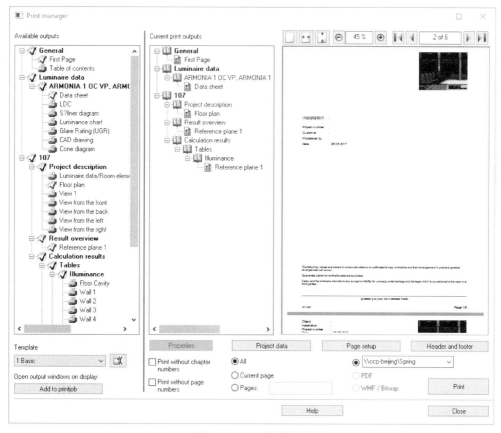

图 3.4.1-20　打印 pdf

（6）返回到 ABD 中布置灯具

点击"Lighting Analysis"中的"RELUX->BBES"命令可根据照度计算结果，返回到 ABD 中自动布置灯具。如图 3.4.1-21 所示。

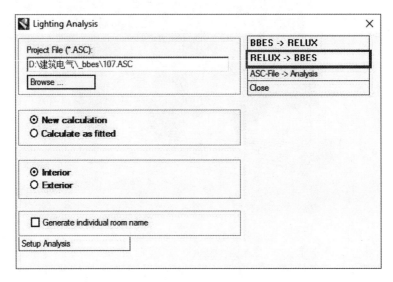

图 3.4.1-21 布置灯具界面

软件弹出如图 3.4.1-22 所示对话框。

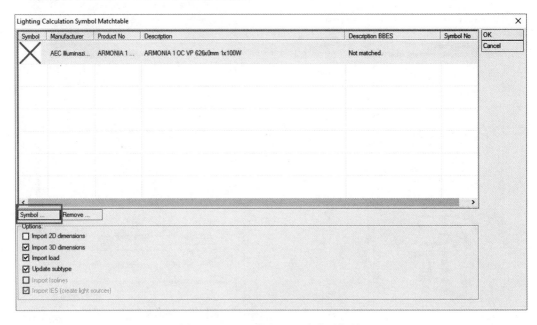

图 3.4.1-22 返回 ABD 中布置灯具

点击"Symbol…"命令，来选择要布置的灯具。如图 3.4.1-23 所示。

布置完后，显示结果如图 3.4.1-24 所示。

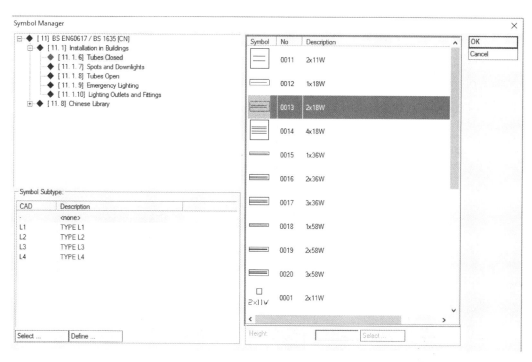

图 3.4.1-23　选择灯具

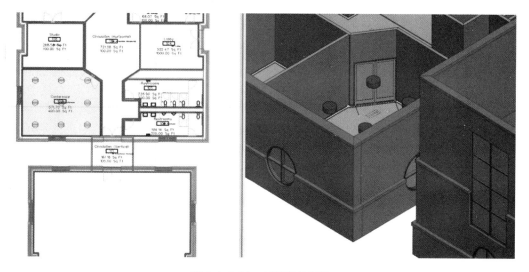

图 3.4.1-24　布置完的灯具

3.4.2　布置灯具后，模拟校验

用户可根据经验值先布置灯具，布置完后，导入到 Relux 中进行模拟校验。

（1）根据经验布置灯具。如图 3.4.2-1 所示。

（2）导入到 Relux 中进行照度校验

点击"Relux"命令，导入到 Relux 中进行照度校验。

照度模拟

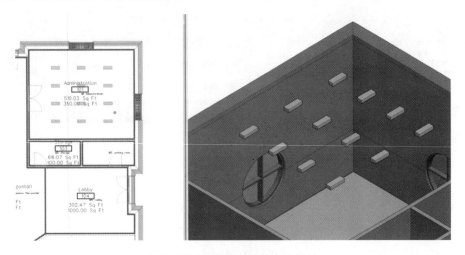

图 3.4.2-1　根据经验值布置灯具

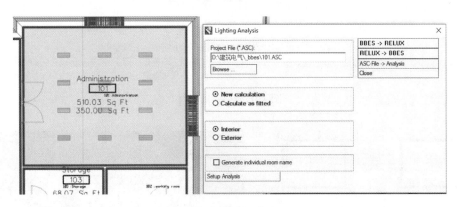

图 3.4.2-2　根据经验值布置灯具

点击"BBES->RELUX"中，导入 ABD 模型到 RELUX 中。如图 3.4.2-2 所示。

点击"Objects \ Add"命令添加光源，可添加不同的光源。如图 3.4.2-3 所示。

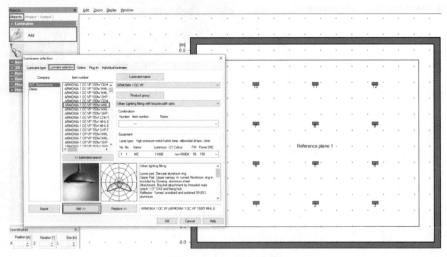

图 3.4.2-3　添加光源

拖动光源到已放置的灯具上。如图 3.4.2-4 所示。

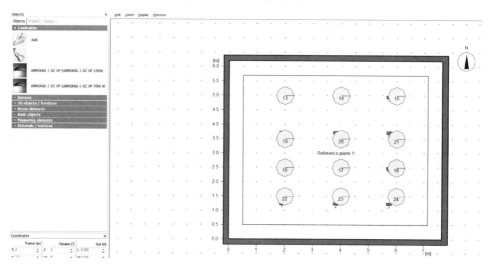

图 3.4.2-4　已加载好的光源

（3）照度模拟校验

点击菜单"Caculation \ Calculation manager…"进行照度模拟校验。如图 3.4.2-5 所示。

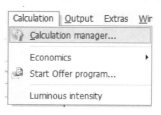

图 3.4.2-5　照度模拟菜单

可设置光源参数，点击"Start"命令，进行照度模拟校验。如图 3.4.2-6 所示。

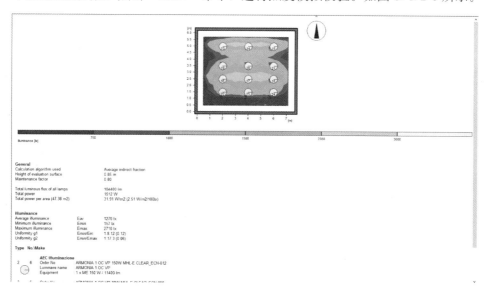

图 3.4.2-6　照度模拟校验

如果不合适，可根据需要进行调整，继续校验，直到符合照度计算规则。软件可根据调整后的分布情况，将结果返回到 ABD 中调整模型布置。

点击"Lighting Analysis"中的"RELUX->BBES"命令，根据校验结果重新调整模型布置。如图 3.4.2-7 所示。

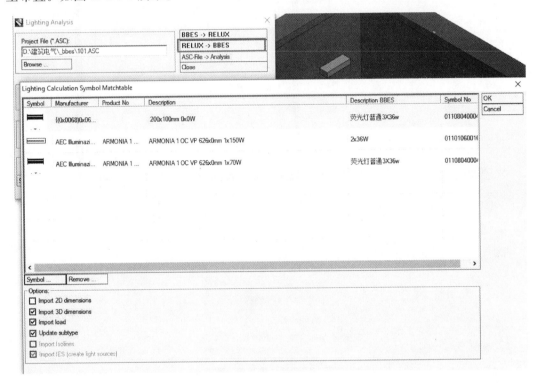

图 3.4.2-7　调整模型

调整后，结果如图 3.4.2-8 所示。

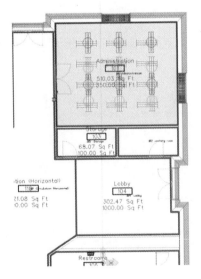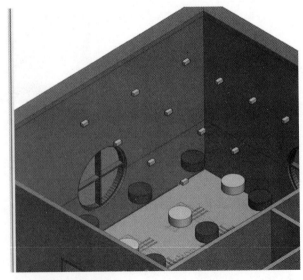

图 3.4.2-8　调整后的结果

3.5 电气连线

点击"电气设计 \ 线路 \ 放置"命令可完成电气连线。如图 3.5-1 所示。

ZY3.5-1
电气连线

图 3.5-1 电气连线菜单

点击"放置"命令。如图 3.5-2 所示。

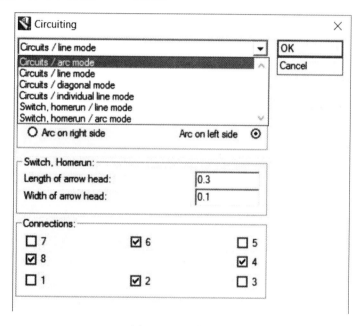

图 3.5-2 电气接线

可选择连线方式以及弧的位置、连接点的位置。连接后，如图 3.5-3 所示。

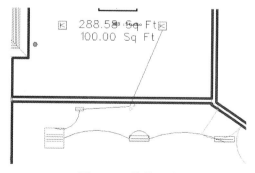

图 3.5-3 接线回路

3.6 绘制/修改桥架

ABD Electrical 中可以绘制/修改桥架，部分功能与后续描述的 BRCM（Bentley 专门应用于电缆敷设的软件）功能重合，但没有 BRCM 绘制桥架灵活，不能进行电缆敷设、自动计算电缆长度、敷设电缆路径。

ABD Electrical 中的桥架功能适合于小型项目。

菜单"电气设计\桥架"命令用于绘制/修改桥架。如图 3.6-1 所示。

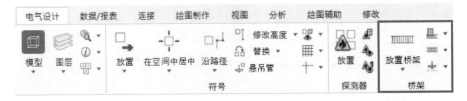

图 3.6-1 桥架菜单

3.6.1 放置桥架

点击"桥架\放置桥架"命令来放置桥架。如图 3.6.1-1 所示。

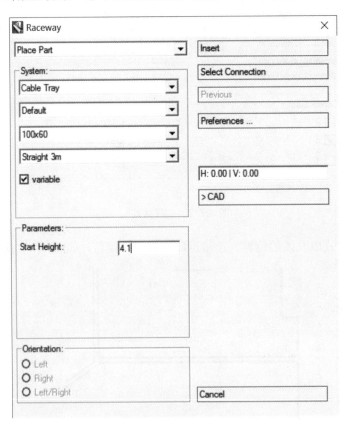

图 3.6.1-1 放置桥架

BBES 提供了多种形式的桥架绘制方式：桥架、护管、走线槽、母线等。

桥架走向——BBES 提供了不同形式的走向方式：

（1）水平桥架；

（2）垂直桥架；

（3）弯通；

（4）三通（Tee 通）；

（5）四通；

（6）电缆沟；

（7）变径。

此例，我们选择 Cable Tray，如图 3.6.1-1 所示设置类型，起始高度值为 4.1m，点击 Insert 按钮，放置桥架在走廊上方，如图 3.6.1-2 所示。

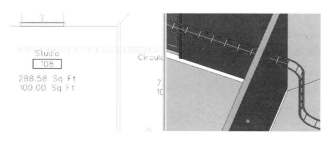

图 3.6.1-2 放置直通桥架

桥架走至配电箱，需要垂直向下接到箱子上，则此时要改变为垂直弯通（Virtical Bend 90）。如图 3.6.1-3 所示。

图 3.6.1-3 放置垂直弯通

59

垂直弯通绘制完成，则会弹出如下对话框，需要输入垂直桥架结束位置的标高，在此，我们输入箱子的高度值为桥架结束位置，如图3.6.1-4所示。

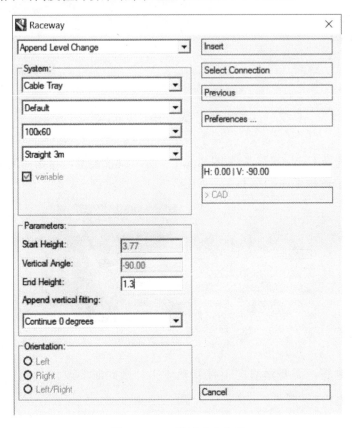

图3.6.1-4 设置垂直高度

插入直通，绘制后如图3.6.1-5所示。

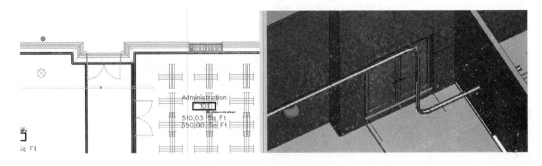

图3.6.1-5 绘制完的桥架

3.6.2 修改属性

因为桥架是参数化设计，所以修改起来非常方便，只需要修改参数对应的变量即可。比如尺寸、类型等。

点击"修改"命令修改属性。如图3.6.2-1、图3.6.2-2所示。

ZY3.6.2-1

修改属性

图 3.6.2-1 修改属性菜单

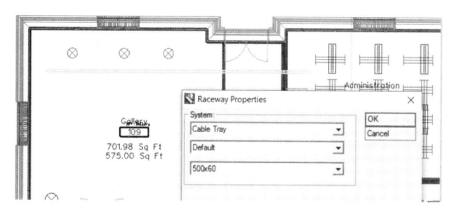

图 3.6.2-2 修改前桥架属性

修改后，结果如图 3.6.2-3 所示。

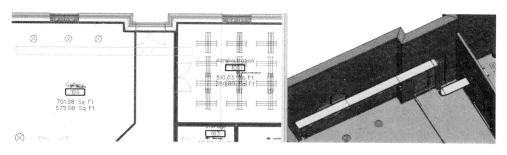

图 3.6.2-3 修改后桥架属性

3.6.3 编辑桥架高度

点击"高度"命令，可选择桥架，修改桥架高度。如图 3.6.3-1 所示。例如本例中修改绝对高度为 4.5m，结果如图 3.6.3-2 所示。

ZY3.6.3-1

编辑桥架高度

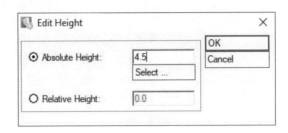

图 3.6.3-1　修改高度

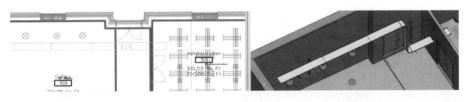

图 3.6.3-2　高度修改后的桥架

3.6.4　直线转换桥架

绘制 microstation 直线后，可利用"转换直线"命令转换为桥架。如图 3.6.4-1 所示。

（1）利用 MicroStation 绘制直线命令" 〇 〓 "绘制直线。如图 3.6.4-2 所示。

图 3.6.4-1　转换桥架菜单　　　　　图 3.6.4-2　绘制直线

（2）框选直线。

（3）点击"转换直线"命令转换桥架。如图 3.6.4-3 所示。

（4）转换后的结果如图 3.6.4-4 所示。

图 3.6.4-3　转换直线

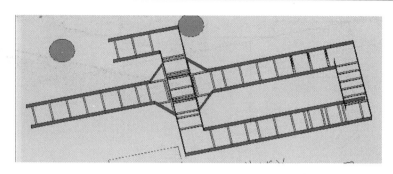

图 3.6.4-4　直线转换后的桥架

软件自动生成弯通、四通等接头。

3.6.5　插入接头

点击"插入拟合件"命令，可在直通桥架上插入三通、四通等接头。
如图 3.6.5-1 所示。

图 3.6.5-1　插入接头菜单

Orientation 可设置三通、四通分支的方向，可根据图 3.6.5-2 所示设置。

放置完后，如图 3.6.5-3 所示。

图 3.6.5-2　插入接头

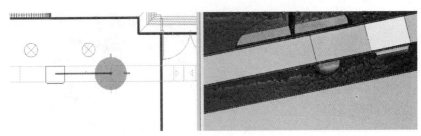

图 3.6.5-3 插入后的结果

可利用精确绘图坐标系来精确定位。

3.7 输出结果

菜单："数据/报表"下的电气设计中的命令可输出报表、二维图纸等成果。如图 3.7-1 所示。

图 3.7-1 数据/报表菜单

3.7.1 统计材料

三维模型布置完后，可输出各种报表。

（1）生成采购清单

点击菜单"数据/报表"下的"电气设计\输出管理"命令，可输出各种报表，点击后，软件弹出如图 3.7.1-1 所示对话框。

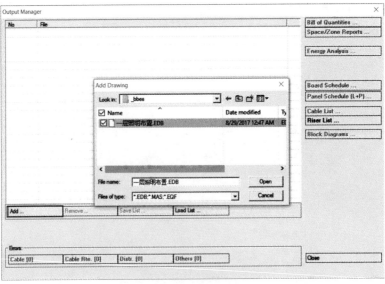

图 3.7.1-1 输出管理

点击"Add…"命令加载"一层照明布置 .EDB"数据库文件，如图 3.7.1-2 所示，点击"Bill of Quantities"来输出采购清单。

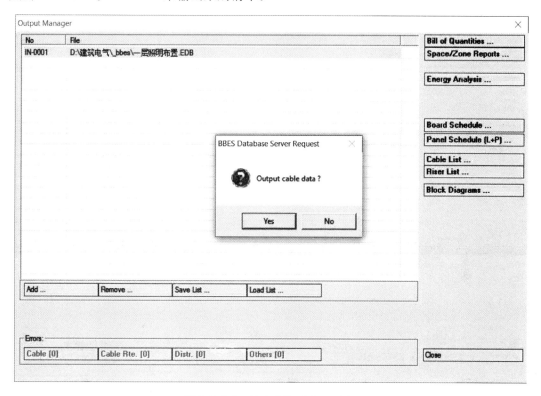

图 3.7.1-2 输出 Bill of Quantities

点击命令后，软件弹出如图 3.7.1-3 所示对话框。

图 3.7.1-3 选择模板

选择"Bill of Quantities"模板，点击"->Excel"生成 excel 清单，结果如图3.7.1-4 所示。

（2）根据不同的房间号生成设备清单。

如图 3.7.1-5 所示，点击"Space/Zone Reports…"生成清单，软件弹出如图 3.7.1-6 所示对话框。

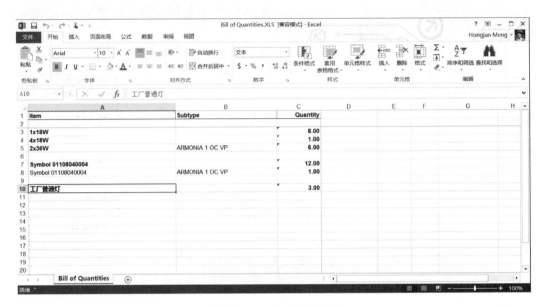

图 3.7.1-4　生成采购清单

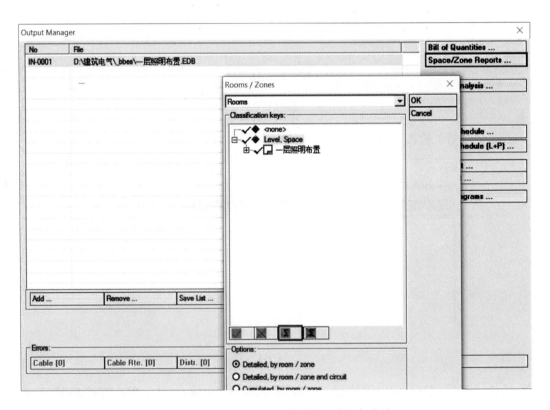

图 3.7.1-5　根据不同的房间号生成设备清单

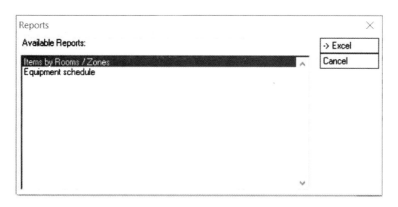

图 3.7.1-6　选择模板

结果如图 3.7.1-7 所示。

Room No	Room Description	Item	Subtype
'104		1x18W	
'104		1x18W	
'104		1x18W	
'104		1x18W	
'104		1x18W	
'104		1x18W	
<none>		1x18W	
'104		1x18W	
'104		4x18W	
'108		工厂普通灯	
'108		工厂普通灯	
'108		工厂普通灯	
'101	Administration	2x36W	
'101	Administration	2x36W	
'101	Administration	2x36W	
'101	Administration	2x36W	
'101	Administration	2x36W	
'101	Administration	2x36W	
'101	Administration	Symbol 01108040004	
'101	Administration	Symbol 01108040004	
'101	Administration	Symbol 01108040004	
'101	Administration	Symbol 01108040004	
'101	Administration	Symbol 01108040004	
'101	Administration	Symbol 01108040004	
'101	Administration	Symbol 01108040004	
'101	Administration	Symbol 01108040004	
'101	Administration	Symbol 01108040004	
'101	Administration	Symbol 01108040004	
'101	Administration	Symbol 01108040004	
'101	Administration	Symbol 01108040004	

图 3.7.1-7　生成结果

ZY3.7.2-1

二维图纸抽取

3.7.2　二维图纸抽取

菜单-"绘图制作 \ 创建视图"命令可进行二维图纸提取。如图 3.7.2-1

所示。

　　建筑电气模型创建完成以后，就可以从 3D 模型中抽取 2D 的图纸了。ABD Electrical 可以抽取平面、立面、剖面和详图图纸。下面内容以抽取平面图纸为例，其他图纸类型相同。

　　（1）创建平面图

　　模型设置为前视图，选择"平面"命令，如图 3.7.2-2 所示，设定好合适的切图种子，然后对模型进行剖切，定义好深度和方向，如图 3.7.2-3 所示。

图 3.7.2-1　绘图制作菜单

图 3.7.2-2　平面图菜单

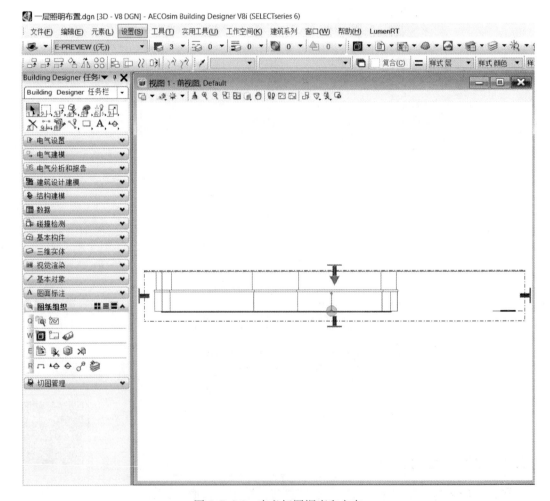

图 3.7.2-3　定义切图深度和方向

在创建绘图面板中，输入图纸的名称，并设定好切图文件的保存位置和注释比例，ABD Electrical 就可以自动生成相应的绘图模型和图纸模型。如图 3.7.2-4 所示。

（2）图纸设定

建筑电气模型在创建的时候需要调用 ABD Electrical 库中不同的功能模型，而这些库内容已经设定为被剖切，也就是切图时应该显示的颜色、线型、线宽及填充样式，这样保证了图纸文件的一致性。而选择不同的切图种子文件，实际上是定义了各种构件属性的显示与否。

除此之外可以在绘图模型中添加需要的文字说明和尺寸标注，可以在图纸模型中选择合适图纸图框，最终完成图纸的抽取工作。如图 3.7.2-5 所示。

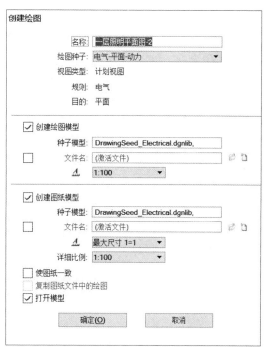

图 3.7.2-4　创建绘图

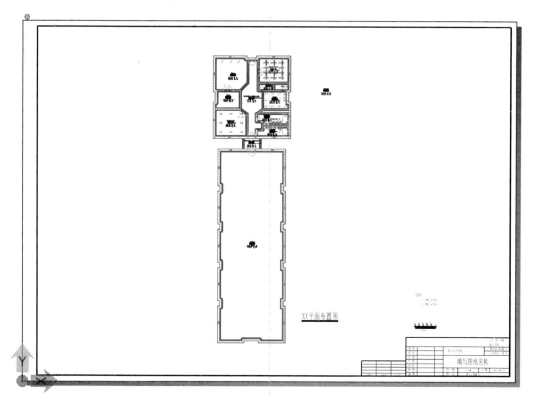

图 3.7.2-5　抽取图纸

（3）图纸交换

最终生成的图纸可以通过打印命令，打印出纸质的正式图纸，也可以打印为 PDF 格式，方便存档和查看。如图 3.7.2-6 所示。

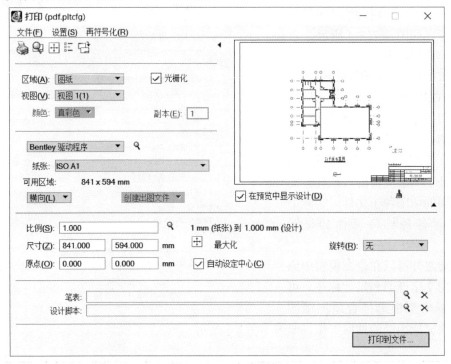

图 3.7.2-6　打印图纸

当然也可以把图纸导出为多种 DWG 格式，方便和其他没有 Bentley 软件的用户进行数据交换。如图 3.7.2-7 所示。

图 3.7.2-7　打印为 DWG 图纸

3.8 电气模型库定制

菜单如图 3.8-1 所示。

图 3.8-1 电气设计菜单

菜单命令中"电气设计"下的"符号管理"包含的命令可加载、修改电气模型库。

ABD Electrical 中提供了标准的电气模型库供用户使用，库里定义了很多电气对象，在最开始设置中，用户可自行定义默认图形库。如图 3.8-2 所示。

注：定制电气模型库时，文件的主单位必须为 m，否则会出现意外错误。

图 3.8-2 电气模型库

用户可根据需要自定义图形库，或者修改已有图形库，在已有图形库基础上添加所需电气模型。

添加电气模型实际是在已有 MicroStation 的 Cell（单元，类似于 CAD 的块）加载建筑电气属性，从而建立电气模型。

图形库的机制分以下几层层级关系：库（Lib）组（Group）分组（Subgroup）电气符号（Symbol）。

ZY3.8.1-1

添加图形库

3.8.1 添加图形库

（1）点击"符号管理"命令，新建图形库为"my lib"。如图 3.8.1-1 所示。

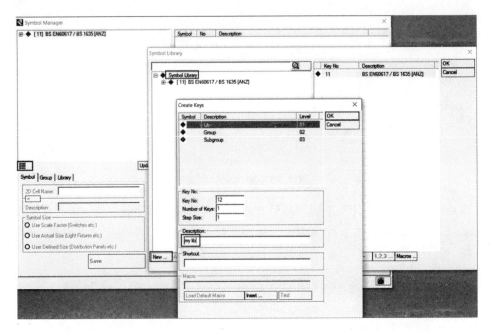

图 3.8.1-1　新建图形库为"my lib"

（2）光标放置于"my lib"上，点击"New…"新建 Group：lighting，用于存储二维图例。如图 3.8.1-2 所示。

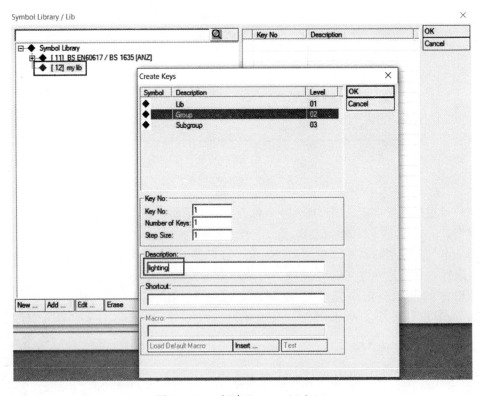

图 3.8.1-2　新建 Group：Lighting

（3）光标放置于"lighting"上，点击"New…"新建 Subgroup：normal lighting。如图 3.8.1-3 所示。

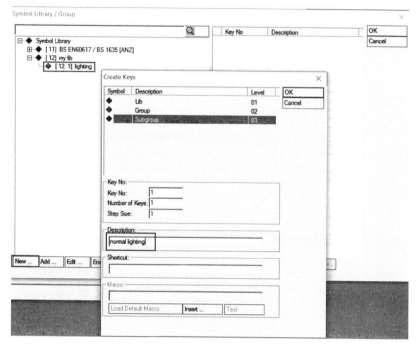

图 3.8.1-3　新建 Subgroup：normal lighting

（4）光标放置于"my lib"上，点击"New…"新建 Group：3d symbol，用于存储三维模型。如图 3.8.1-4 所示。

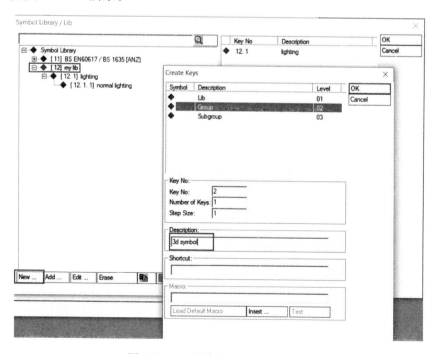

图 3.8.1-4　新建 Group：3d symbol

（5）光标放置于"3d symbol"上，点击"New…"新建 Subgroup：3d lighting。如图 3.8.1-5 所示。

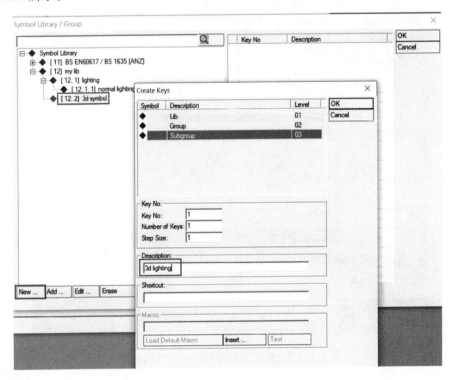

图 3.8.1-5　新建 Subgroup：3d lighting

（6）图形库结构如图 3.8.1-6 所示。

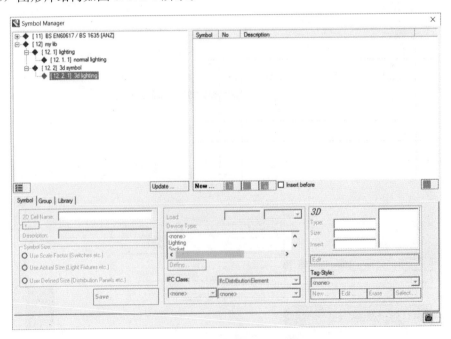

图 3.8.1-6　my lib 图形库结构

3.8.2 建立 MicroStation 二、三维 Cell

（1）定义图层，分别放置二、三维图形。如图 3.8.2-1 所示。

ZY3.8.2-1

定义图层

图 3.8.2-1 图层菜单

利用"电气设计 \ 图层 \ 层管理器"命令来定义图层。如图 3.8.2-2 所示。

图 3.8.2-2 定义图层

（2）利用 MicroStation 命令绘制二、三维图形

如图 3.8.2-3 所示，利用"绘图"窗口中的命令绘制二维图形"⊗"

如图 3.8.2-4 所示，利用"建模"窗口中的命令绘制三维图形。绘制结果如图 3.8.2-5 所示。

框选二维图形放置于"2d lighting"层上，框选三维模型放置于"3d lighting"层上。如图 3.8.2-6 所示。

ZY3.8.2-2

利用MicroStation
命令绘制二、三维
图形

75

图 3.8.2-3　绘图窗口

图 3.8.2-4　建模窗口

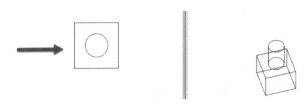

图 3.8.2-5　绘制三维模型

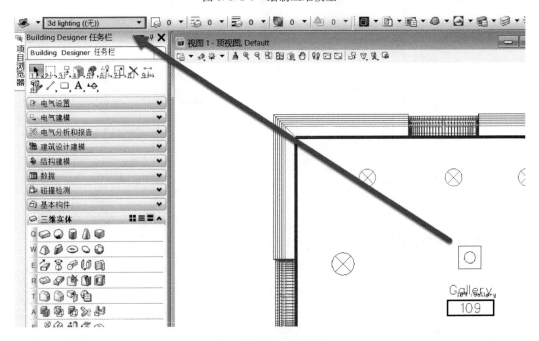

图 3.8.2-6　定义图层

（3）创建单元库

菜单命令如图 3.8.2-7 所示。

创建单元库

图 3.8.2-7　创造单元命令

软件通过"建模"窗口下的菜单"内容 \ 单元"下的"▣"命令，来创建单元库以及单元。如图 3.8.2-8 所示。

图 3.8.2-8　新建单元库

"文件 \ 新建…"可新建一个新的单元库"单元库 . cel"，用户可选择存储路径。如图 3.8.2-9 所示。

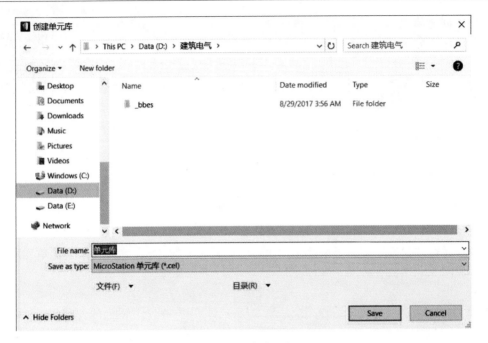

图 3.8.2-9 创建单元库.cel

"文件\连接文件…"也可加载一个已有单元库。

(4) 创建二、三维单元

定义单元原点，选项卡如图 3.8.2-10 所示。

ZY3.8.2-4

创建二、三维单元

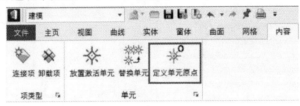

图 3.8.2-10 定义单元原点

框选二维图形，设置单元原点，"创建"按钮高亮。如图 3.8.2-11 所示。

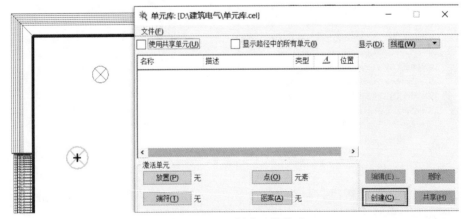

图 3.8.2-11 创建二维单元

点击"创建…"按钮,创建二维单元"2d-工厂普通灯"。如图3.8.2-12所示。

图 3.8.2-12　创建 2d-工厂普通灯

在顶视图上框选三维模型,设置单元原点(可在三维轴侧视图上选择合适的原点),"创建"按钮高亮。如图3.8.2-13所示。

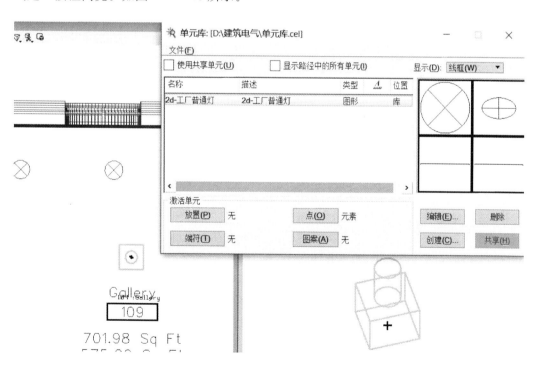

图 3.8.2-13　创建三维单元

点击"创建…"按钮,创建三维单元"3d-工厂普通灯"。如图3.8.2-14所示。
双击二、三维单元,将二、三维单元放置在图纸上。

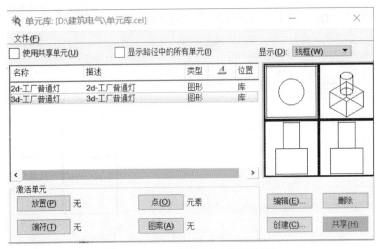

图 3.8.2-14 创建 3d-工厂普通灯

注：*必须放置单元在图纸上，创建符号时，选的是单元，而不是一开始绘制的图形。*

3.8.3 创建电气二维符号、三维模型

（1）创建二维符号

ZY3.8.3-1
创建电气二维
符号、三维模型

点击 Subgroup "normal lighting"，点击 "New…"，点击 "Symbol"
项，点击 "click learn" 图标，选择图纸上已放置的二维单元。如图
3.8.3-1所示。

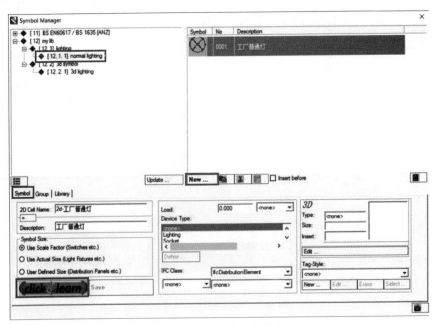

图 3.8.3-1 创建二维符号

> 注：切记不是选择二维图形，而是通过二维图形创建已放置在图纸上的二维单元。

在 Description 项可以定义灯具的描述信息，此描述信息在生成报表的时候，可以体现。

（2）创建三维模型

点击 Subgroup "3d lighting"，点击 "New…"，点击 "Symbol" 项，点击 "click learn" 图标，选择图纸上已放置的三维单元。如图 3.8.3-2 所示。

> 注：切记不是选择三维模型，而是通过三维模型创建已放置在图纸上的三维单元。

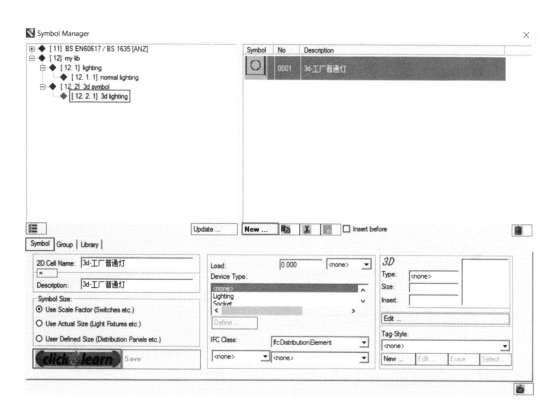

图 3.8.3-2 创建三维模型

3.8.4 关联二维符号与三维模型

（1）如图 3.8.4-1 所示，光标放置于二维符号上。

（2）选择 "device type：Lighting"（device type 可根据不同符号的类型选择不同的值）。

（3）3D 区域点击 "Edit…"，软件弹出如图 3.8.4-2 所示对话框。

ZY3.8.4-1

关联二维符号与
三维模型

图 3.8.4-1　关联二维符号与三维模型

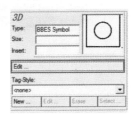

图 3.8.4-2　选择 3d 模型（1）

（4）在弹出的如图 3.8.4-3 所示的"3D Propertites"对话框中选择"BBES Symbol"。

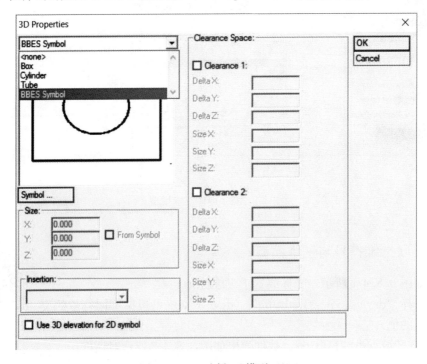

图 3.8.4-3　选择 3d 模型（2）

（5）点击"Symbol"命令选择上述已建好的三维模型。

（6）点击"OK"进行关联。

3.8.5 检验符号正确性

ZY3.8.5-1

检验符号正确性

（1）选择图库为"my lib"

点击菜单"文件\设置\建筑\电气设置\文件设置命令"。如图
3.8.5-1所示。

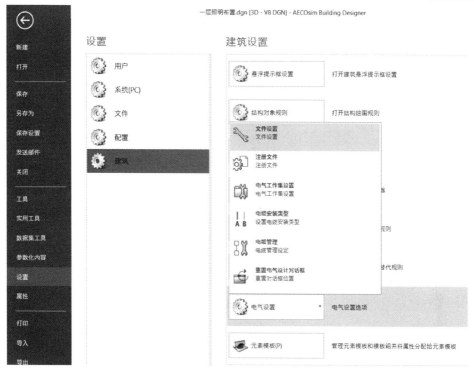

图 3.8.5-1　文件设置

软件弹出如图 3.8.5-2 所示对话框。

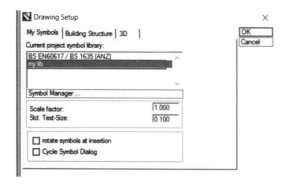

图 3.8.5-2　选择图库：my lib

（2）放置已创建的符号

点击菜单："电气设计\符号\放置"命令，软件弹出如图 3.8.5-3 所示对话框，在图纸的顶视图上放置已创建的符号，进行校验。注意，选择二维图例进行放置，软件会将二维图例关联的三维模型自动引入到图纸上。

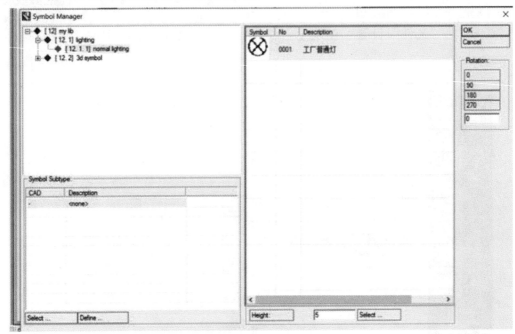

图 3.8.5-3　选择符号

（3）放置后的结果如图 3.8.5-4 所示。

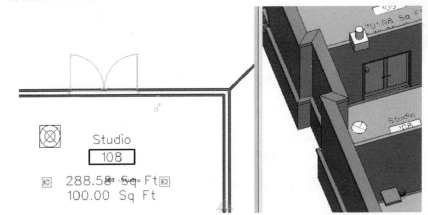

图 3.8.5-4　放置符号

3.8.6　定义 Group、Lib 属性

（1）定义 Group 层

电气模型定义后，可直接定义组（Group）所在的层，从而区分不同的电气设备存储于不同的层上，在组装或者外部参考的时候，可以很方便的根

ZY3.8.6-1

定义Group、Lib属性

据层来区分不同类型的设备。也可通过"Define"选项，用户自定义层。如图 3.8.6-1 所示。

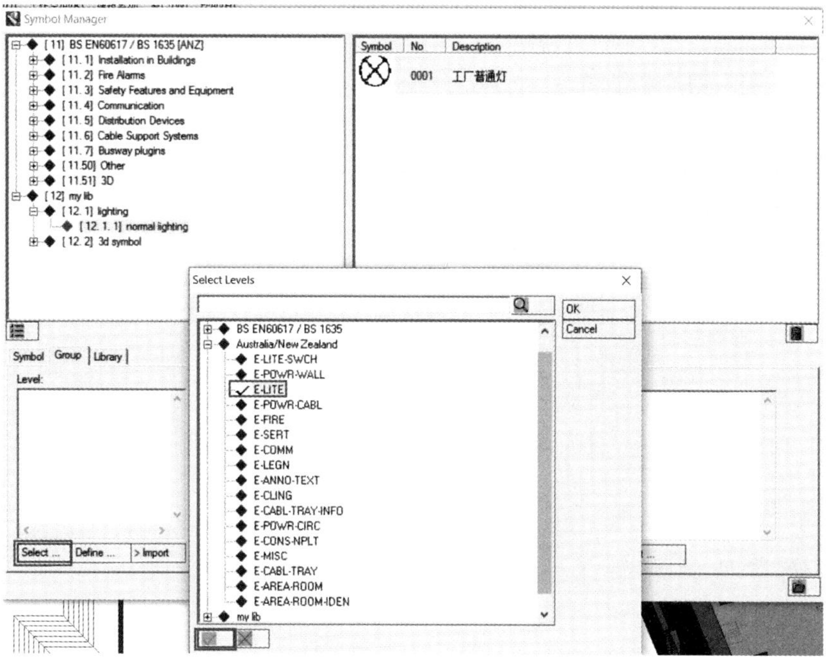

图 3.8.6-1　定义层

（2）定义 Group Applications

组（Group）的 Applications 主要指当前组可以用于哪些操作命令中，选择合适的 Application 在命令执行操作时，可直接起作用。例如：当选择了"Symbol Arrangement"时，运用矩阵方式放置符号的时候，可选择当前组下的所有符号，如果不选择"Symbol Arrangement"，在运用矩阵方式放置符号的时候，则无法选择当前组下的符号来进行放置。如图 3.8.6-2 所示。

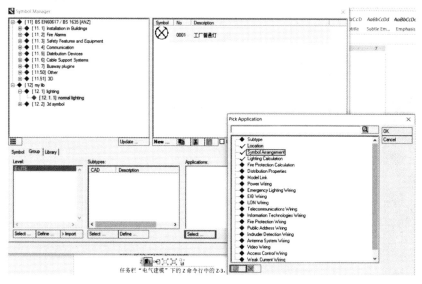

图 3.8.6-2　定义 Applications

Group Applciations 的选取建议参考默认的"BS EN60617/BS 1635"中相关组的设置。

ZY3.8.7-1
修改3D及2D
模型位置

3.8.7 修改 3D/2D 模型位置

菜单：电气设计\符号管理下的命令可调整电气模型中三维模型的位置。如图 3.8.7-1 所示。

图 3.8.7-1 三维模型位置菜单

点击"移动三维"，可移动三维模型。

点击"保存位置"可将移动位置存储下来，下次再次调用的时候，位置关系为新的存储时的位置。如果不保存，只改变当前图纸上二、三维符号的位置，下次调用时，还是保持原有的位置关系。

"移动三维"命令还适合于放置电气模型后，进行局部调整。

3.9 其他常见问题解答

3.9.1 重置对话框

当遇到对话框无法激活的情况，可点击菜单："文件\设置\建筑\电气设置\重置电气设计对话框"来重置对话框。如图 3.9.1-1 所示。

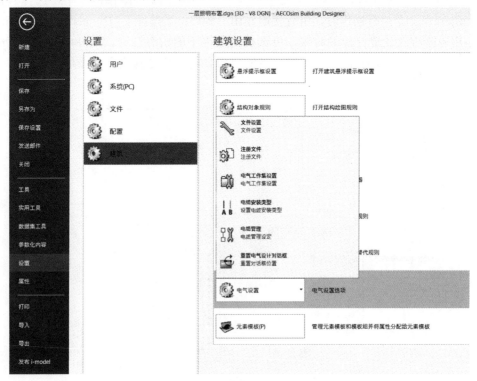

图 3.9.1-1 重置电气设计对话框

3.9.2 导入已有图形库

默认的图库存储于"C：\ ProgramData \ Bentley \ AECOsim CONNECT Edition \ Configuration \ Datasets \ Dataset _ CN"下。如果已存在图形库，则拷贝"Dataset _ CN \ symLibs"下的符号库文件到对应的机器上，覆盖相同的文件夹。并且拷贝"Dataset _ CN \ metadata"下的图 3.9.2-1 所示文件，覆盖相同位置的文件。

   ECSL.DBF
   ECSL.DBT
   ECSL.IX1
   ECSL011.INI
   ECSLGR.DBF
   ECSLGR.DBT
   ECSLGRIX1.NTX

图 3.9.2-1　导入已有图形库

电缆敷设篇

4 三维电缆敷设设计

4.1 电缆敷设模块功能

Bentley Raceway and Cable Management（以下简称BRCM）是一款以SQL Server数据库为核心的软件，本软件提供集成的三维电缆路径布置系统、支吊架布置系统、设备布置系统，并进行电缆敷设、二维出图和材料统计等功能。

该软件具有如下特点：

（1）以数据库为核心，可实现电缆系统的协同设计

使用BRCM软件设计以项目为单位进行，所有的操作都通过项目管理器，每一步的操作都可以受控，只有依据权限解锁后才可以进行相应的设计操作，完全可以满足多人同时完成一个电缆系统设计的需求。

（2）内嵌多个软件接口，可以与前软件系统共享数据

电缆敷设需要三部分输入数据，第一部分是电缆桥架的位置信息，这部分信息是在BRCM里面来定义的，BRCM提供了极方便的参数化建模工具，可以快速、简捷地完成单层或多层桥架的创建。第二部分是设备信息，包括设备编码及位置信息，这部分信息可以在BRCM里面产生，也可以通过软件数据接口导入，如果使用BRCM布置设备，软件自带参数化设备建模功能，可以快速地布置屏柜、设备模型等，如果导入设备信息，则可以从Bentley的Substation、PlantSpace、OpenPlant等软件导入设计图纸。第三部分是电缆的连接信息，包括电缆型号、始终端设备信息等，这部分信息的导入，可以采用Excel文件格式，可以在其他设计软件中生成，也可以手动编辑生成。

（3）三维参数化的桥架设计功能，可以快速完成桥架系统的设计

三维的桥架设计技术可以更直观、更方便地帮助工程师完成桥架系统的设计，BRCM软件采用的是参数化的设计方式，设计时，选定桥架型号，依次确定桥架的轴线位置，即可完成三维桥架设计。也可以先设计完成桥架轴线，最后选择桥架型号，执行生成桥架命令，软件可以自动生成相应的三维桥架系统。软件还可以同时布置多层桥架，只需在布置前设置好多层桥架的间隔信息，即可同时把多层桥架布置出来。对于水平转弯及垂直连接的过渡位置，软件会自动连接部件。对于生成分支回路的三通、四通等零部件，设计时，可从部件库中选取后布置到图纸上。软件还具有灵活方便的修改功能，可以快速的增加、删除分支回路，可以批量改变桥架截面。如图4.1-1所示。

（4）参数化的设备布置功能，可满足辅助厂房等小型电缆桥架系统的设计

软件内置了参数化的设备建模、布置功能，可以满足辅助厂房等小区域范围内的桥架系统设计及电缆敷设设计。在布置屏柜等设备时，可以随时修改屏柜尺寸参数、定义屏柜编号及接线点信息，快速方便地完成设备的布置设计。如图4.1-2所示。

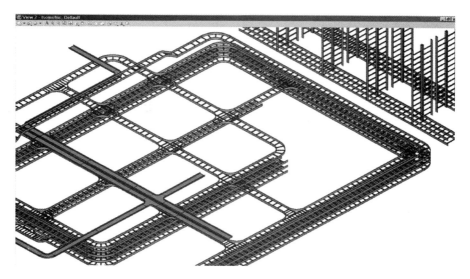

图 4.1-1 三维桥架系统图

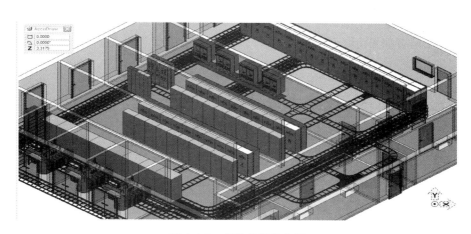

图 4.1-2 参数化设备布置

（5）内嵌多种敷设规则，具有自动敷设和强制敷设功能

在进行电缆敷设时，内置了多种敷设规则，完全满足电缆敷设设计的需求。

1）电压匹配原则：桥架带有电压属性信息（动力、控制、弱电），电缆也带有电压属性信息，这样，在敷设时就可以按照电压等级进行自动敷设，而不会造成电压不匹配的错误。

2）容积率原则：可以批量地为桥架设定允许的容积率，在敷设时，如果超过容积率的限定，会自动选择其他的敷设路径。

3）最短走线原则：最底层的敷设规则，在满足上述两种规则的前提下，自动计算电缆的最短走线路径，并自动计算出电缆长度和所经过的桥架编号，指导施工。

4）强制走线：当完成自动敷设后，对于特殊的电缆，可能处于某种需求，要求能够按特定的路径进行敷设，这时就可以使用强制走线功能，选定电缆的路径。如图 4.1-3 所示。

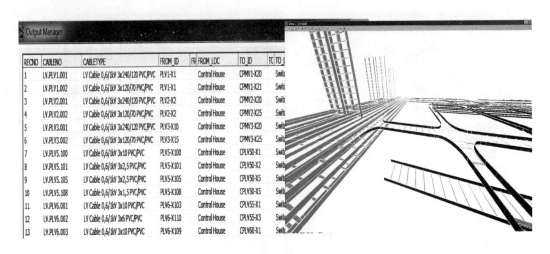

图 4.1-3　电缆敷设

（6）基于标准电缆选型表，可以完成电缆选型校验功能

该功能基于一个电缆选型表，依据电缆的敷设情况、传输功率、长度信息，自动校验初选的电缆型号，如果不满足则给出提示，确认后即可选择出符合要求的型号，用户也可以手动调整电缆型号。

（7）可以快速生成二维桥架断面图纸

敷设设计完成后，所有的信息都保存于数据库中，可以使用 2D 图纸生成工具获得所需断面的断面图，操作简单方便，只需要定义断面位置，即可获得相应断面图，包括该段所有的电缆信息。如图 4.1-4 所示。

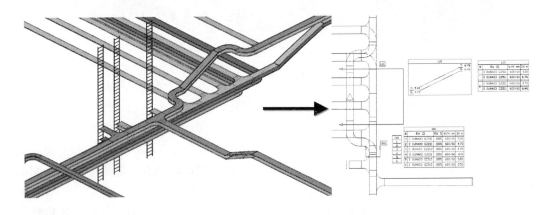

图 4.1-4　依据三维设计生成二维图纸

（8）可以自动生成电缆清册及桥架系统材料表

使用报表生成器可以快速地生成所需报表，包括电缆信息报表及桥架信息报表。报表可以导出为 Excel 格式文件。如图 4.1-5 所示。

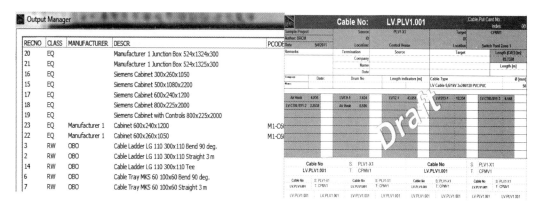

图 4.1-5　统计报表

4.2　电缆敷设三维设计流程

设计流程如图 4.2-1 所示。

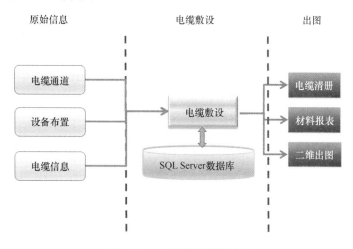

图 4.2-1　电缆敷设设计流程

软件可以定义综合的桥架参数，放置电气设备，导入电缆和设备列表。软件通过读取电缆清册的逻辑信息，结合平面设备布置及路径，自动进行电缆优化敷设，精确统计电缆长度。电缆敷设后，可以生成电缆清册、采购清单等报表，统计电缆长度以及总长，统计桥架规格、长度；最后可从模型提取各种施工图。

（1）输入原始信息

1）布置电缆通道

电缆通道是定位电缆安装位置的必要条件之一，电缆敷设前必须先布置电缆通道，通常电缆通道包括桥架、埋管、电缆沟等。

2）布置设备

软件可布置设备分支、吊架和不同的电气、仪表设备等。电气、仪表设备为电缆的起始、终止点，支、吊架为电缆的支撑，本书中的支、吊架布置为参数化布置，如果用户需

93

要详细的模型，可通过 MicroStation 的 Cell 来达成。

3）原始电缆信息

原始电缆信息为 Excel 格式，罗列了电缆的编号、规格、电压等级、起始位置、终止位置。导入原始电缆信息后，通过电缆敷设，可得到电缆的敷设路径以及电缆长度。

4）设备映射

设备映射将电缆清册中的设备和 BRCM 中布置的设备进行映射匹配，提供给软件进行后续操作。

（2）电缆敷设

软件提供自动电缆敷设和强制电缆敷设两种敷设方式，用户还可调整敷设规则。用户布置电缆通道、电缆起始终止设备后，导入原始电缆信息，并将设备映射后，可进行电缆敷设，计算电缆长度，获取电缆敷设路径。

（3）成果输出

1）统计报表

软件可自动统计采购清单、电缆清册等报表，供施工、采购使用。

2）二维图生成

软件可剖切桥架截面，获取桥架所含电缆信息以及桥架属性信息。生成二维图，指导施工。

本书会按照电缆敷设三维设计流程来讲解 BRCM 的使用与操作。本书基于 BRCM SS2 08.11.09.34 版本书写，书中会提供一些实用技巧，也是基于以上版本，有些可能会在后续的软件版本更新中逐渐完善。

5　BRCM 安装和配置

本章讲解如何安装和配置 BRCM。BRCM 有后台 SQL Server 支撑，安装的时候，需要安装 BRCM 软件和 SQL Server，正常安装成功后，软件会自动配置数据库，如果安装不成功，则需人工手动配置。

5.1　BRCM 安装步骤

注：必须有管理员权限方可安装软件。

（1）解压安装包。
（2）双击解压后的文件夹"08110934zh1 \ product"下的"setup.exe"程序。
软件弹出如图 5.1-1 所示对话框。

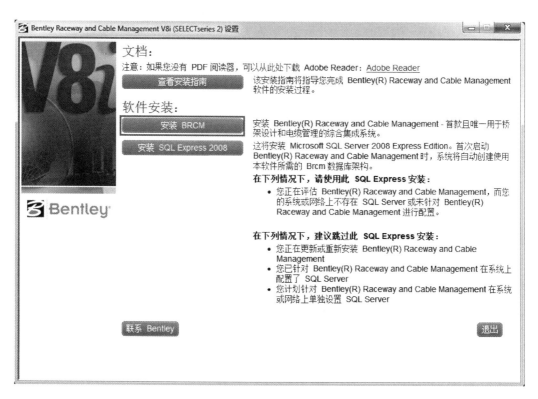

图 5.1-1　设置

（3）点击图 5.1-1 对话框中的"安装 BRCM"按钮进行安装，软件开始解压安装程序，解压后，软件弹出如图 5.1-2 所示对话框。

图 5.1-2 安装

默认将安装程序解压到"C：\ BentleyDownloads \ BRCM _ 08.11.09.34"下，可通过点击"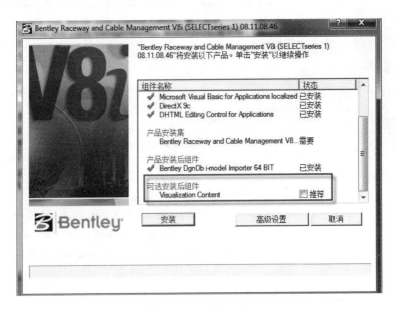"更改为别的路径。

点击"确定"按钮，软件弹出如图 5.1-3 所示对话框。

图 5.1-3 安装（1）

不勾选 Visualization Content 的推荐安装。

注：*如果勾选后，软件需安装此组件，会联网并花费比较长的时间，点击安装按钮进行安装。*

（4）软件弹出如图 5.1-4 安装向导。

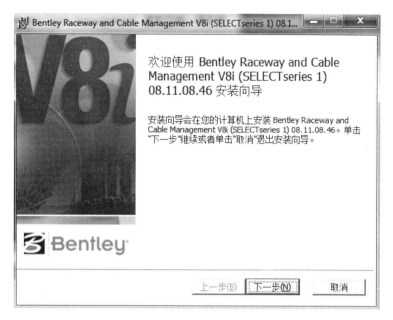

图 5.1-4 安装（2）

点击"下一步"，软件弹出如图 5.1-5 所示对话框。

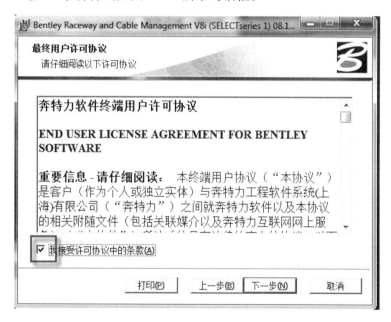

图 5.1-5 安装（3）

勾选"我接受许可协议中的条款"，点击"下一步"，软件弹出如图 5.1-6 所示对话框。

默认安装路径有两个，一个是程序路径，另一个是 Workspace（工作空间）路径，可

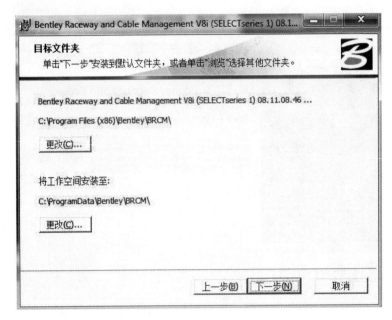

图 5.1-6　安装（4）

进行更改。点击"下一步"，软件弹出如图 5.1-7 所示对话框。

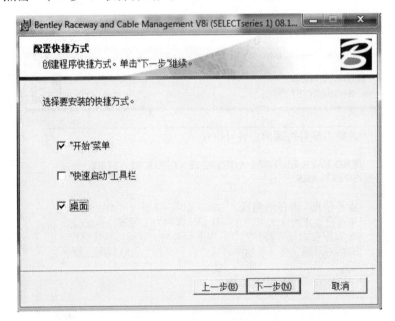

图 5.1-7　安装（5）

在图 5.1-7 对话框中，可勾选"桌面"，则在桌面生成快捷启动按钮。点击"下一步"。如图 5.1-8 所示。

选择安装类型为"典型"，点击"下一步"开始安装，软件弹出如图 5.1-9 所示对话框。

点击"安装"按钮进行安装，如图 5.1-10 所示对话框。

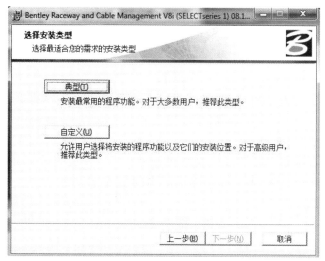

图 5.1-8 安装（6）

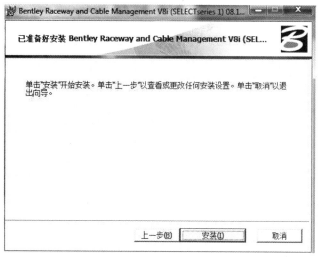

图 5.1-9 安装（7）

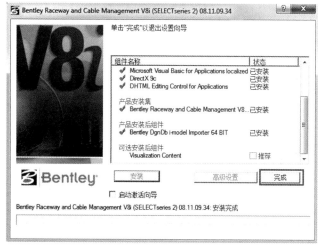

图 5.1-10 安装（8）

安装完成后，点击"完成"按钮。

5.2 SQL Server 安装步骤

软件默认会自带 SQL Express 2008 程序，如果您已经有 SQL Server 企业版安装程序，请自行安装，本软件支持 SQL Server 2005 及以上版本的安装程序。

如果安装软件自带的 SQL Express 2008 安装程序，安装完后，BRCM 可自动和 SQL Server 关联；如果安装其他版本的 SQL Server 程序，需手动配置 BRCM 和 SQL Server 的关联。

（1）如图 5.2-1 所示对话框，点击"安装 SQL Express 2008"进行安装。

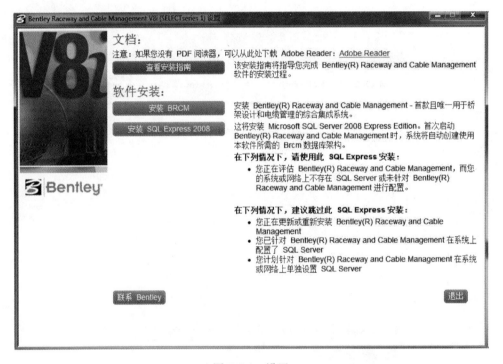

图 5.2-1　设置

软件弹出如图 5.2-2 所示对话框。

勾选"I accept the license terms"。

（2）点击"Next"，软件弹出如图 5.2-3 所示对话框。

软件默认安装在"C：\ Program Files（x86）\ Microsoft SQL Server"下，用户可以点击"　…　"选择不同的安装路径。

（3）如图 5.2-4 所示，自动安装实例，默认为"BENTLEYECAD"，默认安装路径为"C：\ Program Files（x86）\ Microsoft SQL Server"，此路径应和（2）中的安装路径保持一致。

（4）点击"Next"，软件弹出如图 5.2-5 所示对话框。

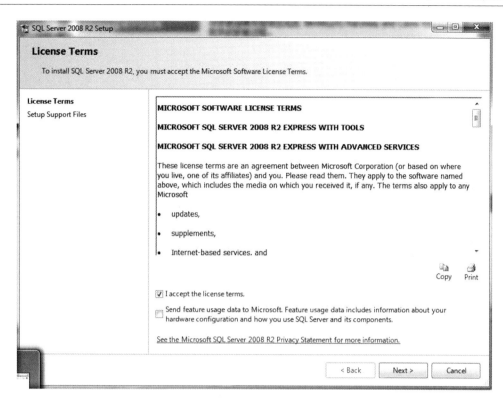

图 5.2-2　安装（1）

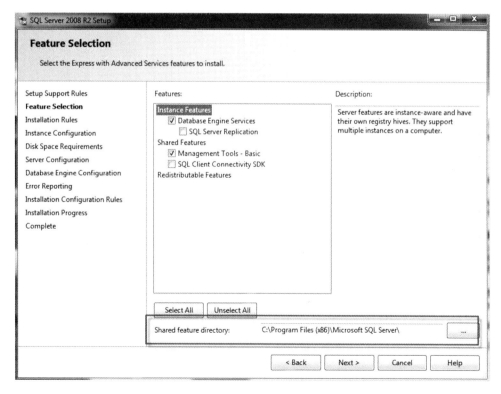

图 5.2-3　安装（2）

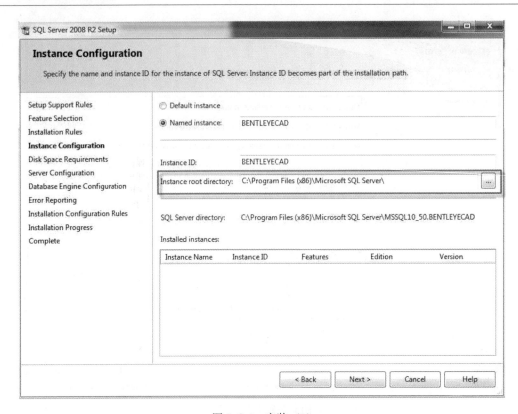

图 5.2-4　安装（3）

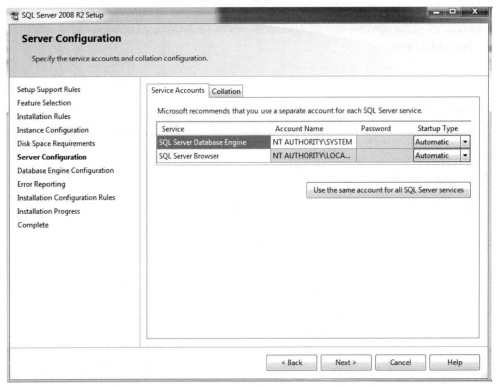

图 5.2-5　安装（4）

（5）点击"Next"，软件弹出如图 5.2-6 所示对话框，默认为"Mixed Mode"，输入密码，密码可自定。

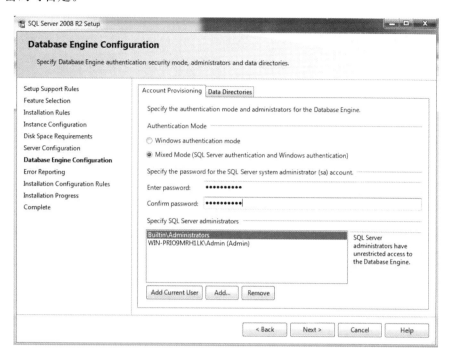

图 5.2-6　安装（5）

（6）点击"Next"，软件弹出如图 5.2-7 所示对话框。

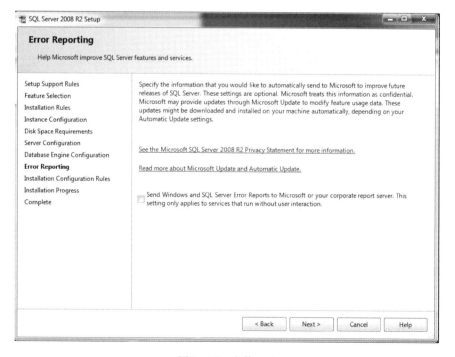

图 5.2-7　安装（6）

（7）点击"Next"，软件开始安装，软件完成后，弹出如图 5.2-8 所示对话框。

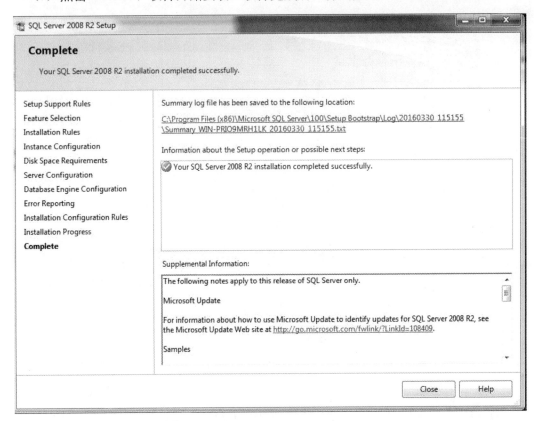

图 5.2-8　安装（7）

（8）点击"Close"安装完成。

5.3　手动配置 BRCM 和 SQL Server 关联

BRCM 是以 SQL Server 为数据库的敷设软件，如果用户自行安装 SQL Server，或者安装不正确，需手动配置 BRCM 和 SQL Server 关联。BRCM 是通过 ODBC 来关联 SQL Server 的，需设置 ODBC。

（1）配置 SQL Server

1）新建空白 Database

手动配置 SQL Server，需有"SQL Server Management Studio"应用程序，点击"开始 \ 所有程序 \ Microsoft Sql Server 2008 R2"下的"SQL Server Management Studio"命令，软件弹出如图 5.3-1 所示对话框。

选择服务器名称和登录方式，点击"Connect"命令，软件弹出如图 5.3-2 所示对话框。

鼠标右键点击"Database"，选择"New Database…"，软件弹出如图 5.3-3 所示对话框。

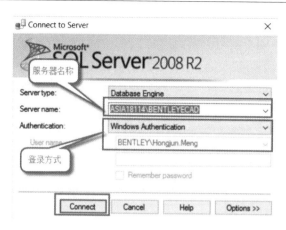

图 5.3-1 连接 SQL Server

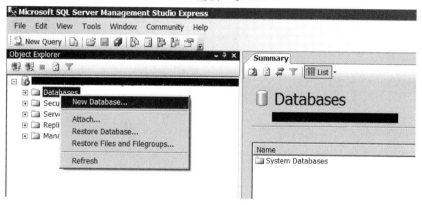

图 5.3-2 新建空白 Database

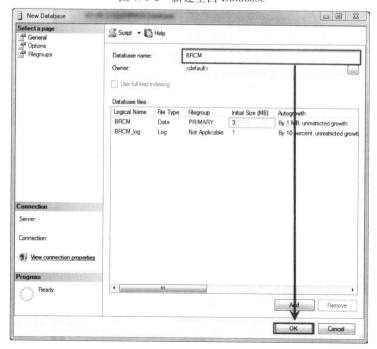

图 5.3-3 新建 Database：BRCM

"Database name" 输入 "BRCM"，点击 "OK"。

2）新建登录用户名和密码

鼠标右键点击目录树中的 "Security"。对话框如图 5.3-4 所示。

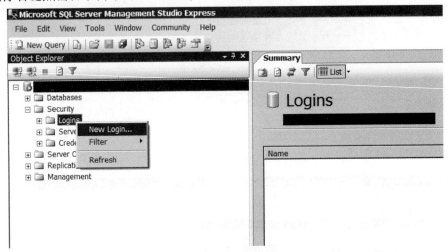

图 5.3-4　新建登录用户名：Logins

选择 "New Login⋯"，软件弹出如图 5.3-5 所示对话框。

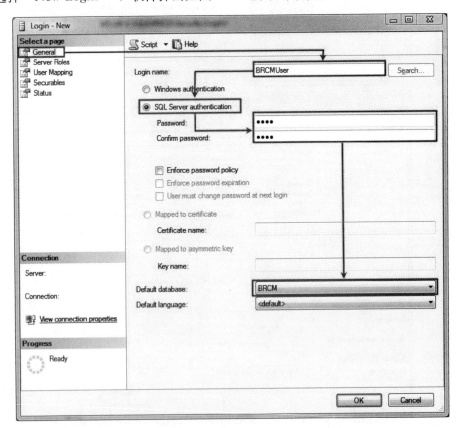

图 5.3-5　新建用户名：BRCMUser；密码：BRCM

在 "Login-New" 对话框中，选择 General 选项；

"Login name"：输入 "BRCMUser"；

勾选 "SQL Server authentication"，输入密码 "BRCM"；

不勾选 "Enforce password policy"，如果勾选，则密码规则需严格按照 SQL 遵循的规则来设定；

"Default databse"：选择 "BRCM"。

3）设置 Server Roles

在 "Login-New" 对话框中，选择 "Server Roles" 选项，软件弹出如图 5.3-6 所示对话框。

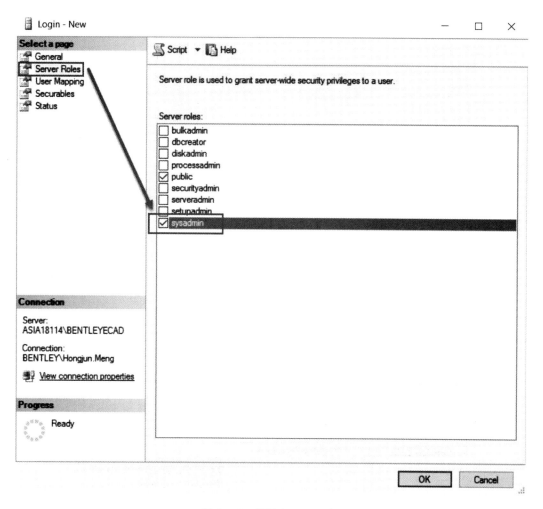

图 5.3-6　设置 Server Roles

勾选 "sysadmin" 选项。

4）用户 mapping

在 "Login-New" 对话框中，选择 "User Mapping" 选项，软件弹出如图 5.3-7 所示对话框。

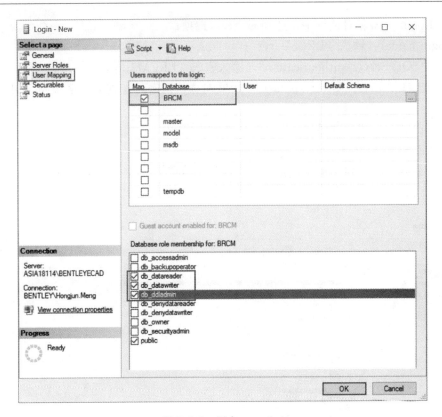

图 5.3-7 用户 mapping

"Database" 勾选 "BRCM";

"Role membership" 勾选 "db_datareader", "db_datawriter" "db_ddladmin" 或者直接勾选 "db_owner" 选项;

点击 "OK"。

5) 设置登录方式

右键点击 "Server", 并选择 "Properties"。对话框如图 5.3-8 所示。

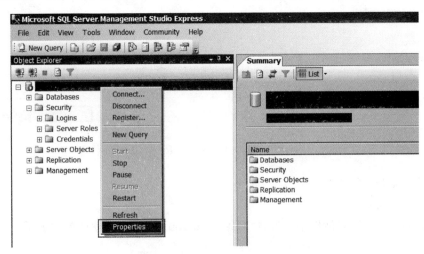

图 5.3-8 设置登录方式 (1)

点击"Security"命令，右侧选择"SQL Server and Windows Authentication"并点击"OK"。对话框如图 5.3-9 所示。

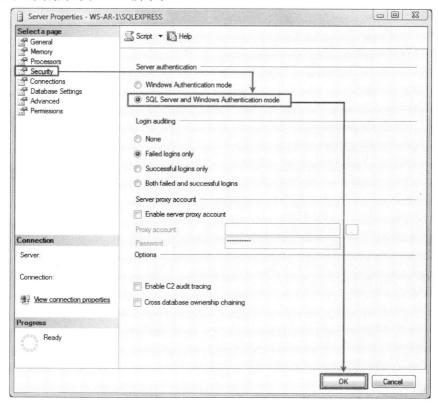

图 5.3-9　设置登录方式（2）

（2）配置 ODBC

BRCM 是通过 ODBC 访问 SQL 的，所以需要创建一个数据源，步骤如下：

1）如果是 32 位机，点击"开始＼控制面板"下的"Administrative Tools"，如图 5.3-10 所示。

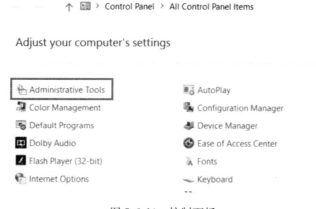

图 5.3-10　控制面板

点击后，软件弹出如图 5.3-11 所示对话框。

Name	Date modified	Type
Component Services	10/30/2015 3:17 PM	Shortcut
Computer Management	10/30/2015 3:17 PM	Shortcut
Defragment and Optimize Drives	10/30/2015 3:17 PM	Shortcut
Disk Cleanup	10/30/2015 3:19 PM	Shortcut
Event Viewer	10/30/2015 3:17 PM	Shortcut
Hyper-V Manager	10/30/2015 3:18 PM	Shortcut
iSCSI Initiator	10/30/2015 3:17 PM	Shortcut
Local Security Policy	10/30/2015 3:18 PM	Shortcut
ODBC Data Sources (32-bit)	10/30/2015 3:18 PM	Shortcut
ODBC Data Sources (64-bit)	10/30/2015 3:17 PM	Shortcut
Performance Monitor	10/30/2015 3:17 PM	Shortcut
Print Management	10/30/2015 3:18 PM	Shortcut
Resource Monitor	10/30/2015 3:17 PM	Shortcut
Services	10/30/2015 3:17 PM	Shortcut
System Configuration	10/30/2015 3:17 PM	Shortcut
System Information	10/30/2015 3:17 PM	Shortcut
Task Scheduler	10/30/2015 3:17 PM	Shortcut
Windows Firewall with Advanced Secu...	10/30/2015 3:17 PM	Shortcut
Windows Memory Diagnostic	10/30/2015 3:17 PM	Shortcut

图 5.3-11　ODBC 配置

双击 ODBC 数据源，软件弹出如图 5.3-12 所示对话框。

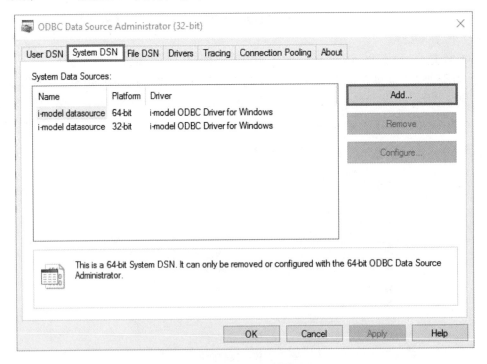

图 5.3-12　ODBC 配置（1）

点击"System DSN"按钮，点击"Add"来添加 BRCM 数据源。选择"SQL Native Client"，点击"Finish"。对话框如图 5.3-13 所示。

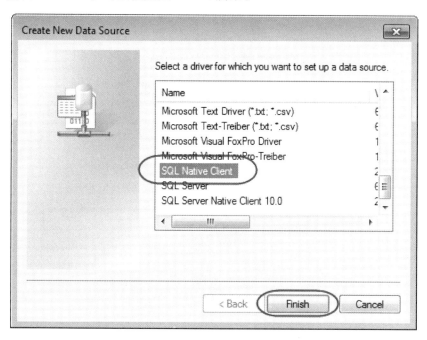

图 5.3-13 ODBC 配置（2）

软件弹出如图 5.3-14 所示对话框。

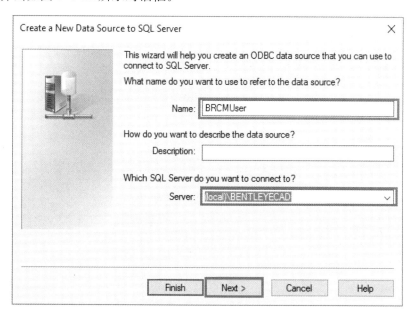

图 5.3-14 ODBC 配置（3）

"Name"：输入"BRCMUser"。

"Server"：点击下拉框，选择"server name"。如图 5.3-14 所示，为本机安装 SQL

Server 后默认的 server name。

点击"Next"按钮后，软件弹出如图 5.3-15 所示对话框。

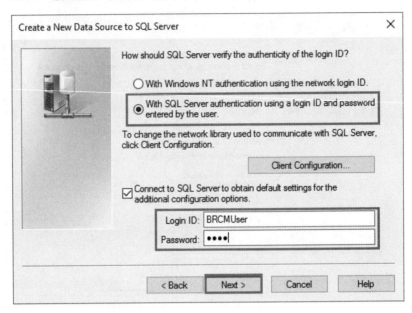

图 5.3-15   ODBC 配置（4）

选择"SQL Server authentication"方式链接 SQL Server。

"Login ID"：输入"BRCMUser"。

"Password"：输入"BRCM"，此登录用户名和密码为上述步骤中所建的用户名。

点击"Next"命令，软件弹出如图 5.3-16 所示对话框。

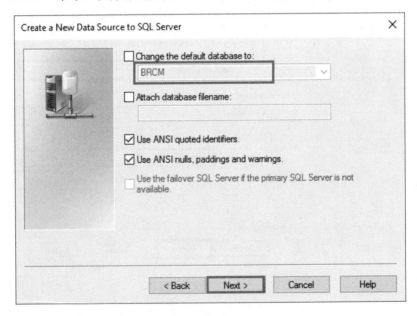

图 5.3-16   ODBC 配置（5）

默认 "database" 为 "BRCM"。

点击 "Next" 命令后，软件弹出如图 5.3-17 所示对话框。

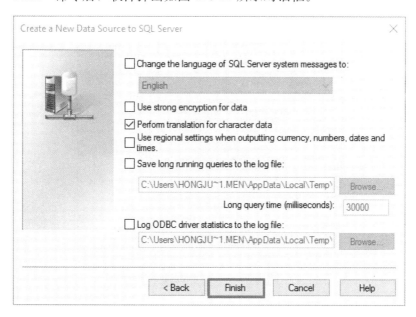

图 5.3-17 ODBC 配置 (6)

点击 "Finish"，软件弹出如图 5.3-18 所示对话框。

图 5.3-18 ODBC 配置 (7)

点击 "Test Data Source…" 命令，测试是否连通，如果出现如图 5.3-19 所示对话框，则显示连通，点击 "OK" 结束配置。

图 5.3-19　ODBC 配置（8）

软件弹出如图 5.3-20 所示对话框。

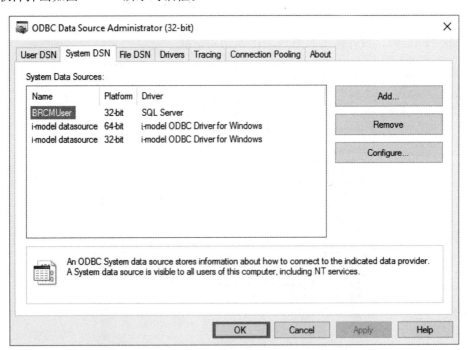

图 5.3-20　ODBC 配置（9）

点击 "OK"，新建数据源 "BRCMUser"。

2）如果是 64 位机，双击打开 "C：\ Windows \ SysWOW64" 下的 "odbcad32. exe"，重复以上步骤，新建数据源 "BRCMUser"。如图 5.3-21 所示。

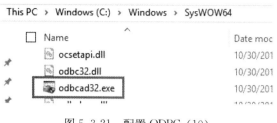

图 5.3-21 配置 ODBC（10）

5.4 启动 BRCM

安装完成后，会在桌面上生成快捷方式，点击 BRCM 图标，或者点击"开始 \ 所有程序 \ Bentley"下的"Bentley Raceway and Cable Ma…"命令即可启动 BRCM。

6　新　建　工　程

BRCM 是以项目为单位管理模型、图纸内容。本章讲解如何在已有工程基础上新建工程；如何将已有工程拷贝，并修改为新的工程。

6.1　新建工程

以下讲解在已有 Sample Project 工程基础上新建一个新的工程，这是最快捷简便的方式。操作步骤如下：

6.1.1　打开已有工程

点击桌面 BRCM 图标启动软件，启动 BRCM 软件后，软件默认会弹出如图 6.1.1-1 所示对话框。

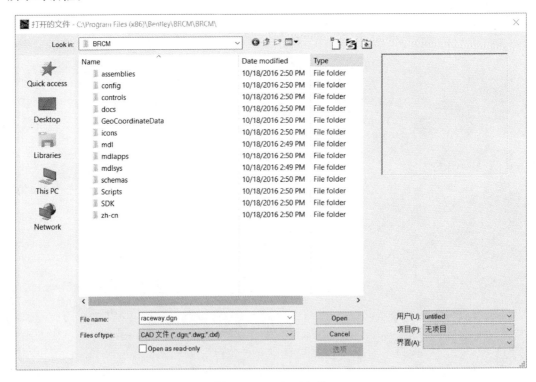

图 6.1.1-1　打开文件

图中右下角为工作环境配置。

（1）用户：用户级配置，默认设置。

（2）项目：项目配置，选择 Sample Project，软件会弹出如图 6.1.1-2 所示对话框。

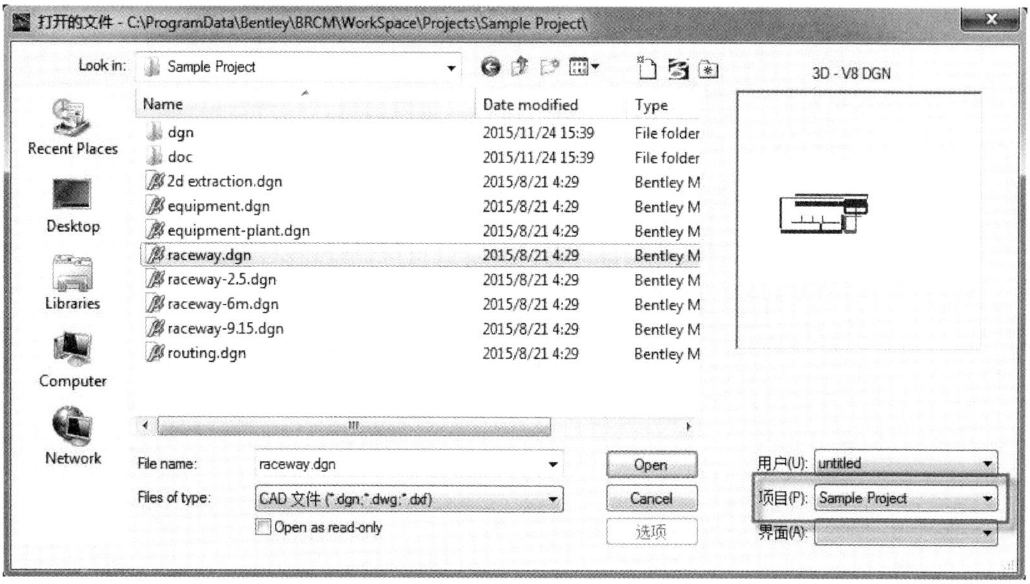

图 6.1.1-2　打开已有工程

（3）界面：界面配置，默认设置。

选择"raceway.dgn"文件，点击"Open"按钮，打开此文件。软件弹出如图 6.1.1-3 所示对话框。

图 6.1.1-3　分配项目

用户可选择想要分配的项目，通过选择 CONNECTED 项目，BRCM 将追踪所使用的文档以及项目所花费的时间，并提供详细的项目列表。

点击"取消"按钮，关闭此页面。

6.1.2 新建工程

（1）点击任务栏中"BRCM 设置"中的"Q 工程管理器"命令。对话框如图 6.1.2-1 所示。

图 6.1.2-1　BRCM 设置

软件弹出如图 6.1.2-2 所示对话框。

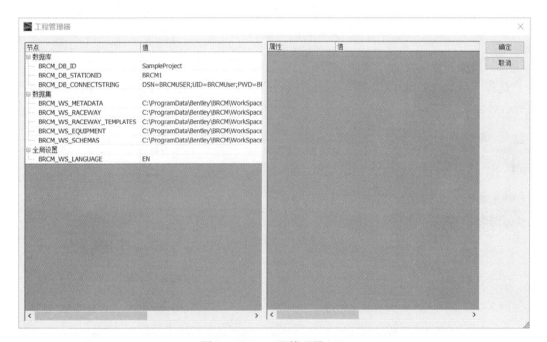

图 6.1.2-2　工程管理器（1）

工程管理器中显示当前工程的工程设置。

（2）空白处点击鼠标右键，点击"复制工程"。对话框如图 6.1.2-3 所示。

可在已有的 Sample Project 工程基础上，新建工程。对话框如图 6.1.2-4 所示。

1）数据库参数设置：

①点击节点"BRCM_DB_ID"，右边属性框中输入值"demoproject（工程唯一标识 ID）"；

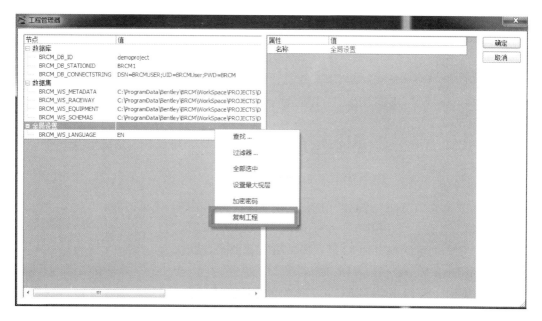

图 6.1.2-3 工程管理器 (2)

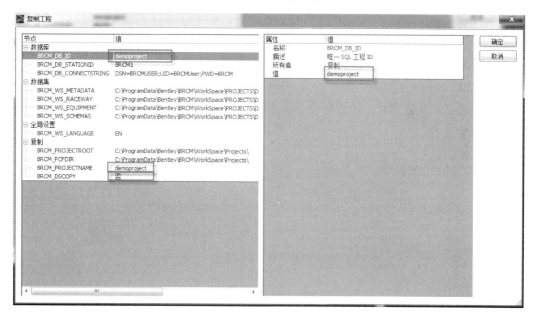

图 6.1.2-4 复制工程

注："BRCM_DB_ID"不能以数字开头，否则软件不识别。

② "BRCM_DB_STATIONID"：独特的站点 ID，不做任何变化；

③ "BRCM_DB_CONNECTSTRING"：ODBC 实例名，以及用户名和密码，详见 ODBC 配置，如果软件正常安装时，此处不作改动；如果用户根据需要修改，则需跟着变化。

2）数据集参数设置：

① "BRCM_WS_METADATA"：默认 "METADATA" 路径，存放一些模板等文件；

② "BRCM_WS_RACEWAY"：默认 "RACEWAY" 路径，存放桥架图库；

③ "BRCM_WS_EQUIPMENT"：默认 "EQUIPMENT" 路径，存放盘柜、支吊架等设备图库；

④ "BRCM_WS_SCHEMAS"：默认 "SCHEMAS" 路径，为系统 SCHEMAS 存放路径。

3）全局设置：

"BRCM_WS_LANGUAGE=EN"，默认语言为 "EN"，不做改变。

4）复制：

① "BRCM_PROJECTROOT"：BRCM 工程路径，默认为："C：\ ProgramData \ Bentley \ BRCM \ WorkSpace \ Projects"；

② "BRCM_PCFDIR"：BRCM 工程配置文件路径，每一个工程都有一个 ".pcf" 文件，来设置工程配置。默认路径为 "C：\ ProgramData \ Bentley \ BRCM \ WorkSpace \ Projects"；

③点击节点 "BRCM_PROJECTNAME"，右边属性框中输入值 "demoproject（工程名称）"；

④ "BRCM_DSCOPY" 选择 "是"，图库 "Dataset" 拷贝到当前工程文件夹下，工程有其独立的 Dataset；选择 "否"，所有工程选用公共的 Dataset。本练习中选择 "否"。

按照上述描述设置参数，设置好后，点击 "确定" 命令，软件弹出如图 6.1.2-5 所示对话框。

图 6.1.2-5　新建工程

点击"OK"确认。软件弹出如图 6.1.2-6 所示对话框。

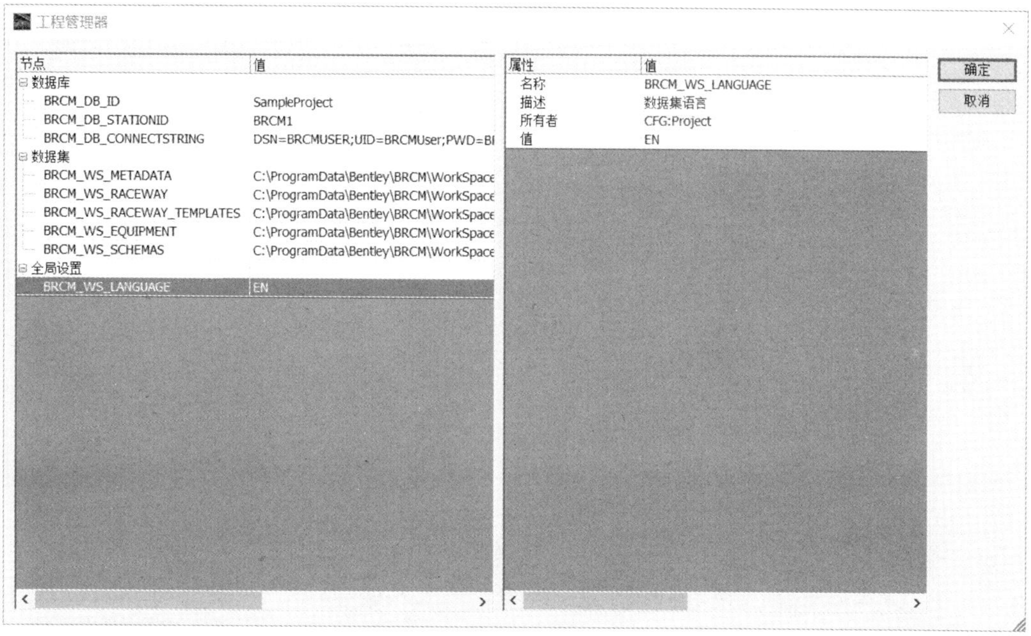

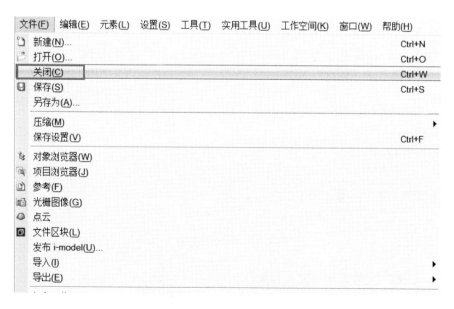

图 6.1.2-6 工程管理器

点击"确定"命令，创建新的工程"demoproject"。

（3）点击菜单"文件"下的"关闭"按钮，关闭当前工程，对话框如图 6.1.2-7 所示。

图 6.1.2-7 关闭工程

（4）软件弹出如图 6.1.2-8 所示对话框，项目下拉框选择"demoproject"。

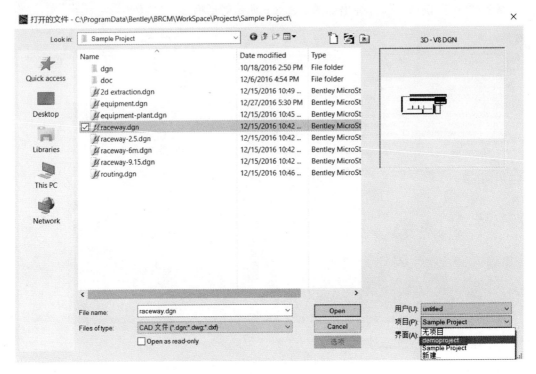

图 6.1.2-8　打开工程 demoproject

可查看到已创建项目"demoproject"。

6.1.3　工程路径

默认工程路径为"C：\ ProgramData \ Bentley \ BRCM \ WorkSpace \ Projects"。可看到如图 6.1.3-1 所示对话框中多了"demoproject"文件夹和"demoprojct. pcf"文件。

图 6.1.3-1　文件路径

"demoproject"文件夹中存储工程文件。

"demoprojct. pcf"文件为工程配置文件，存储工程配置参数。此文件可用 notepad 打开进行修改。与 6.1.2 节中配置工程参数类同。如图 6.1.3-2 所示。

如果用户对 Bentley 软件比较熟悉，了解 pcf 文件结构，用户也可利用下述方式快速新建工程：

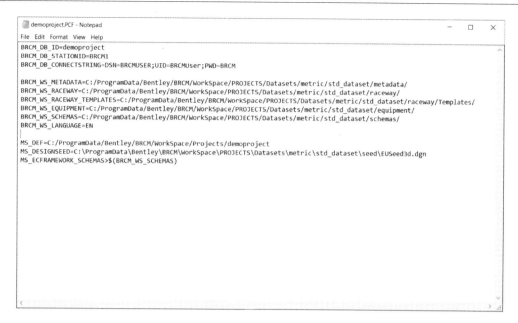

图 6.1.3-2 pcf 文件

（1）用户可在此"C：\ProgramData\Bentley\BRCM\WorkSpace\Projects"路径下，利用 Windows 操作方式新建空文件夹为"demoproject"。

（2）拷贝"Sample Project.pcf"，并修改为"demoprojct.pcf"，利用 notepad 打开此文件，如图 6.1.3-3 对话框中。

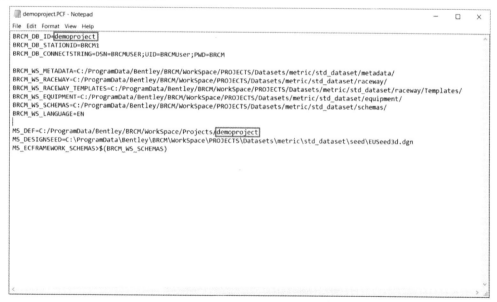

图 6.1.3-3 修改 pcf 文件

（3）修改"BRCM_DB_ID=demoproject"。

修改"MS_DEF=C：/ProgramData/Bentley/BRCM/WorkSpace/Projects/demoproject"（此路径为文件参考路径）。

完成步骤（1）和（2），用户同样可新建工程"demoproject"。

6.2 新建图纸

新建图纸可新建三维模型文件或二维图纸，其类型取决于种子文件。对 BRCM 来说，交付的文件是相当重要的，这确保了所创建的文件是否具有合适的 BRCM 属性设置。

6.2.1 种子文件

Bentley 系列软件中，新建一个文件，需要考虑三个问题：文件名称、文件存放位置、加载文件的模板文件。其中，加载文件的模板文件大部分用户不太会注意，这主要有两个方面的原因：其一，双击一个 office 的应用（以 Word 为例），系统会直接调用一个最基本的模板；其二，系统内置的模板并没有太多严格的区别，换句话说，仅仅写一篇文档，是不需要太多模板区分的。

但是在工程行业中，各个设计单位有自行的设计配置，而不同的工程也会采用各种各样的地方标准、规范甚至是单位。所以，在 Bentley 体系的架构下面，新建一个文件需要加载不同的模板，我们将模板文件称为种子文件。

6.2.2 新建图纸

（1）启动软件

点击 BRCM 桌面图标或者点击"程序 \ 所有程序 \ Bentley \ Bentley Raceway and Cable Management"命令启动软件，如图 6.2.2-1 所示对话框。

图 6.2.2-1 启动软件

启动 BRCM 软件后，软件默认会弹出如图 6.2.2-2 所示对话框。

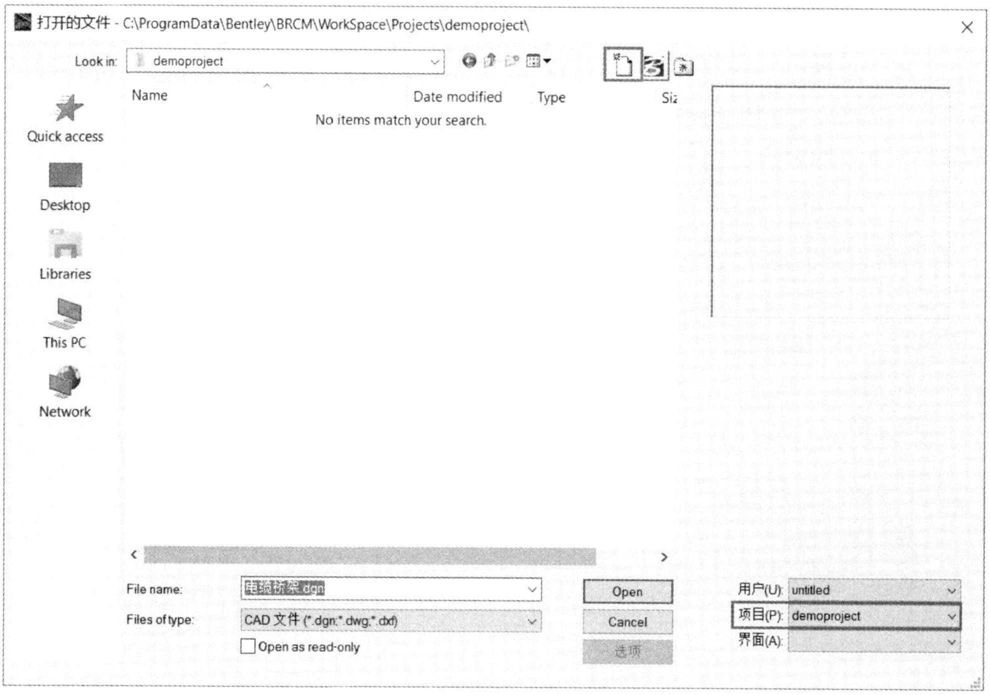

图 6.2.2-2　打开 demoproject 工程

（2）新建文件

点击右上角的新建文件按钮，新建文件，对话框如图 6.2.2-3 所示。

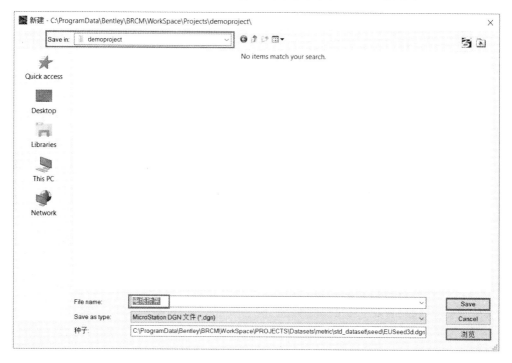

图 6.2.2-3　新建文件

"File name"：输入名称为"电缆桥架"，点击"Save"命令进行保存。

"Save in"：可选择存储路径。

默认种子文件为：，默认存储于"C：\ ProgramData \ Bentley \ BRCM \ WorkSpace \ Projects \ Datasets \ metric \ std _ dataset \ seed"，用户可通过浏览按钮选择合适的种子文件。

点击"Save"命令后，软件弹出如图 6.2.2-4 所示对话框。

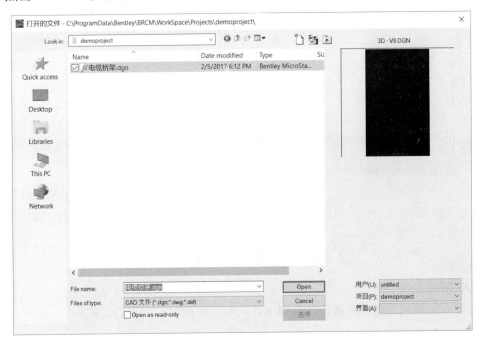

图 6.2.2-4　打开文件

（3）打开图纸

点击"电缆桥架.dgn"文件，点击"Open"命令打开文件。

6.3　设置图纸模式

（1）点击任务栏"BRCM 设置"下的"E 文档管理器"命令，可设置图纸模式。如图 6.3-1 所示。

图 6.3-1　BRCM 设置

（2）软件弹出如图 6.3-2 所示对话框。

各选项用途如下：

1）"三维模型，设备"：本页用来放置设备。

2）"三维模型，桥架"：本页用来放置桥架、电缆沟、埋管等。

3）"三维模型，设备＊桥架"：本页可同时放置设备、桥架。

4）"敷设模型"：本页用来电缆敷设。

5）"提取二维图形"：本页用来提取二维模型。

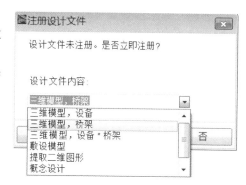

图 6.3-2　注册设计文件

6）"概念设计"：本页用来概念设计使用。

7）"其他"：其他情况可使用，生成三维电缆实体，选用此模式。

（3）选择"三维模型，桥架"选项，点击"是"命令，软件弹出如图 6.3-3 所示对话框。

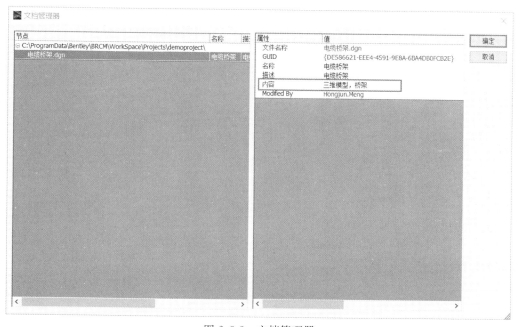

图 6.3-3　文档管理器

点击左边对话框中的节点"电缆桥架.dgn 文件"，在右边属性对话框中的内容选项中可双击改变图纸模式。

（4）点击"确定"命令设置。

6.4　软件界面介绍

软件启动以后，弹出的界面是标准的 MicroStation 界面，MicroStation

是 Bentley 基本图形平台，BRCM 软件是基于 MicroStation 图形平台开发的电缆敷设专业软件，所以界面上还增加了 BRCM 专业软件的属性。

BRCM 软件界面在原有 MicroStation 界面基础上，任务栏中增加了 BRCM 设置、BRCM 概念设计、BRCM 详细设计、BRCM 二维提取、BRCM 工具五个工具栏。如图 6.4-1所示。

图 6.4-1　工具栏

6.4.1　BRCM 工具

以下是 BRCM 工具栏的详细命令：

（1）BRCM 设置：包含了 BRCM 中工程管理器、文档管理器、选项设置以及桥架库、设备库定制。如图 6.4.1-1 所示。

图 6.4.1-1　BRCM 设置

（2）BRCM 概念设计：包含了 BRCM 在概念设计中的所要用到的命令，此模块主要根据电缆清册以及设置的电缆敷设节点计算电缆桥架的用量。由于国内的设计思路一般是先放置桥架，再进行电缆敷设，所以此模块对于国内客户基本用不到。如图 6.4.1-2 所示。

（3）BRCM 详细设计：包含了详细设计中的所有命令。如图 6.4.1-3 所示。

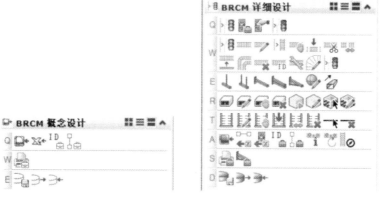

图 6.4.1-2　BRCM 概念设计　　　　图 6.4.1-3　BRCM 详细设计

Q 行：设备布置、编辑命令。

W 行：桥架布置、编辑命令。

E 行：支、吊架布置命令。

R 行：铜排布置、编辑命令。

T 行：电缆沟布置、编辑命令。

A 行：电缆管理器命令。

S 行：输出报表命令。

D 行：数据库操作命令。

BRCM 二维提取：提取二维图命令。如图 6.4.1-4 所示。

BRCM 工具：路径检查以及属性显示器命令。如图 6.4.1-5 所示。

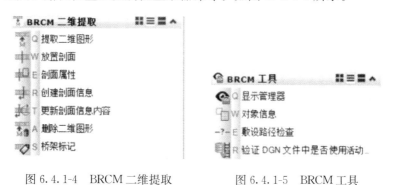

图 6.4.1-4　BRCM 二维提取　　　　图 6.4.1-5　BRCM 工具

6.4.2　基本设置

打开默认存放在："C：\ ProgramData \ Bentley \ BRCM \ WorkSpace \ Projects \ Datasets \ metric \ std _ dataset \ seed" 下的 "EUSeed3D. dgn" 种子文件，可进行以下

基本设置，这样在后续基于此种子文件新建的图纸中，即可省去初始
设置。

（1）优选项设置

点击菜单命令："工作空间 \ 优选项"，如图 6.4.2-1 所示，可进
行优选项设置。

1）操作选项

如图 6.4.2-2 所示。

① 退出时保存设置。打勾后，在退出软件时，一些重复使用设
置，例如调出"捕捉模式"工具栏可保存下来，下次打开软件时，无
须再重复调出。

图 6.4.2-1　优选项

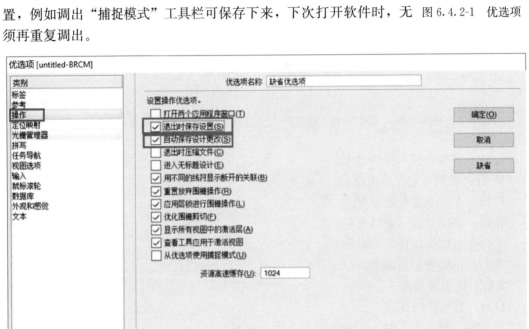

图 6.4.2-2　操作

② 自动保存设计更改。打勾后，可自动保存模型文件。

2）视图选项

如图 6.4.2-3 所示。

① 背景色，由黑到白。

② 各种模型、元件高亮、选择元素时的颜色，已达到显示的效果。

3）输入

如图 6.4.2-4 所示。

输入选项中，可设置：允许 Esc 键停止当前命令。打勾后，可运用键盘中的 Esc 键来
结束操作命令。

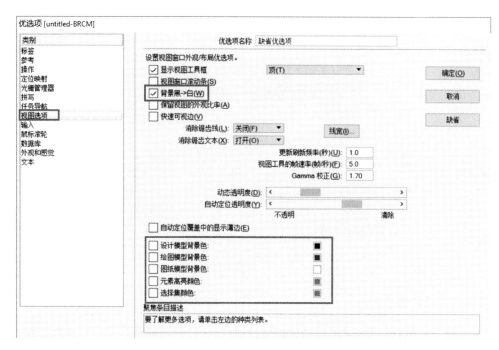

图 6.4.2-3 视图选项

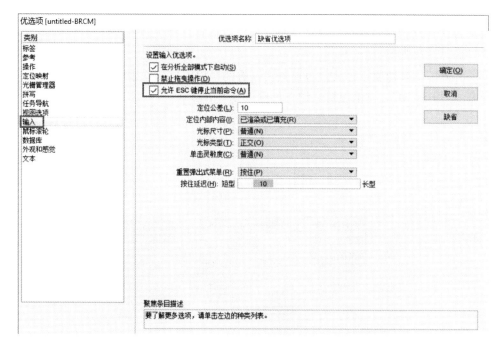

图 6.4.2-4 输入

（2）工作单位设置

点击菜单文件中"设置＼设计文件"命令可设置工作单位。

如图 6.4.2-5 所示。

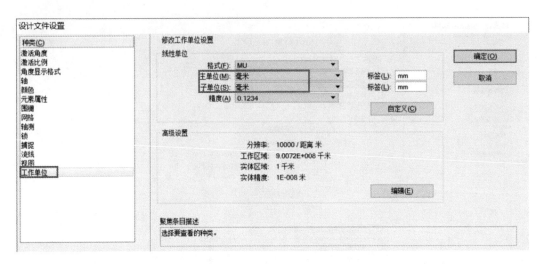

图 6.4.2-5　设计文件设置

可设置主单位和子单位。

注：整个工程中的图纸单位必须一致，否则会导致在电缆敷设时，因为单位不一致引起的电缆长度计算出现问题。

（3）文字样式设置

点击菜单命令中的"元素 \ 文字样式"命令可设置工程中的文字样式以及大小。如图 6.4.2-6 所示。

1）可点击 新建文字样式，也可点击已有的"BRCM"字体样式进行修改。点击已有文字样式"BRCM"，点击鼠标右键，如图 6.4.2-7 所示。

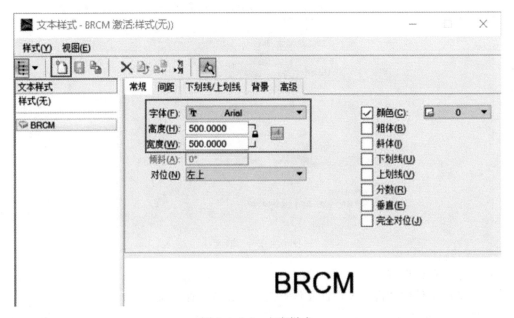

图 6.4.2-6　文字样式

图 6.4.2-7 激活"BRCM"文字样式

点击"激活"命令，可激活当前文字样式，工程中的文字会按照"BRCM"文字样式统一设置。

2）文字样式中，可设置文字的宽度、高度及字体样式。其中宽度、高度的值和工作单位有关联。如图 6.4.2-6 所示，如果主单位为"m"，则代表字宽为 500m，如果主单位为"mm"，则代表字宽为 500mm。

3）如果文字样式为"行文字"，则可在高级选项中设置英文字体和大字体。如图6.4.2-8 所示。

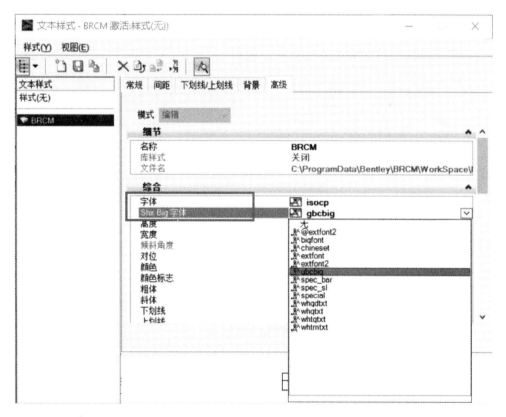

图 6.4.2-8 行文字体设置

（4）尺寸标注样式设置

点击菜单命令中的"元素\尺寸标注样式"命令可设置工程中的尺寸标注样式。如图6.4.2-9 所示。

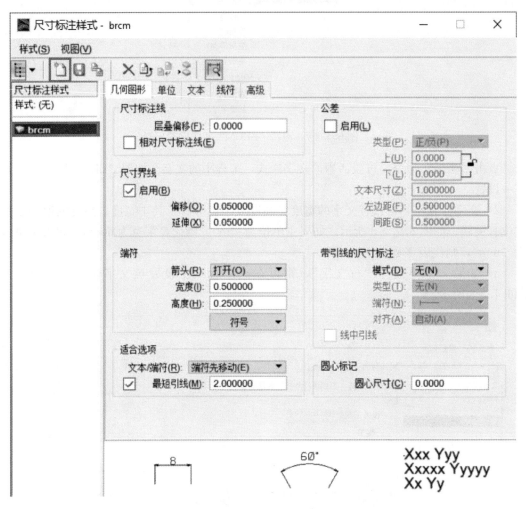

图 6.4.2-9　尺寸标注样式

1）可点击 新建尺寸标注样式，也可点击已有的"brcm"尺寸标注样式进行修改。点击已有尺寸标注样式"brcm"，点击鼠标右键。如图 6.4.2-10 所示。

图 6.4.2-10　激活"brcm"尺寸标注样式

2）几何图形中，可设置尺寸接线、标注线、端符等。

3）单位中可设置主单位、子单位以及精度。如图 6.4.2-11 所示。

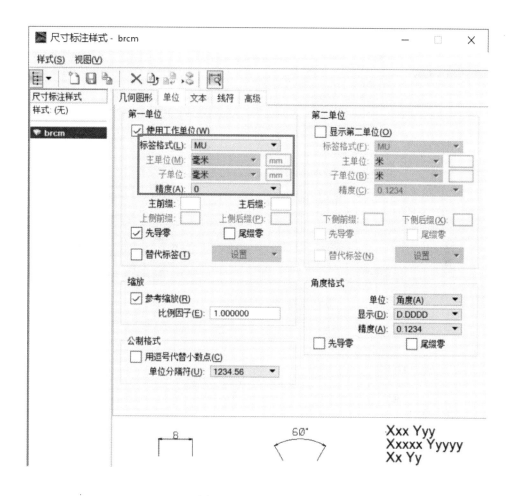

图 6.4.2-11　设置单位

4）文本中，可设置文本样式和大小。如图 6.4.2-12 所示。

① 如果文字样式中选择已有的文字样式，例如"BRCM"，则按照之前"文字样式"中的设置来定义字体样式、大小。

② 如果文字样式中选择"样式无"，并且勾选字体、高度、宽度，则按照勾选中的字体样式和大小显示尺寸标注文本。如图 6.4.2-13 所示。

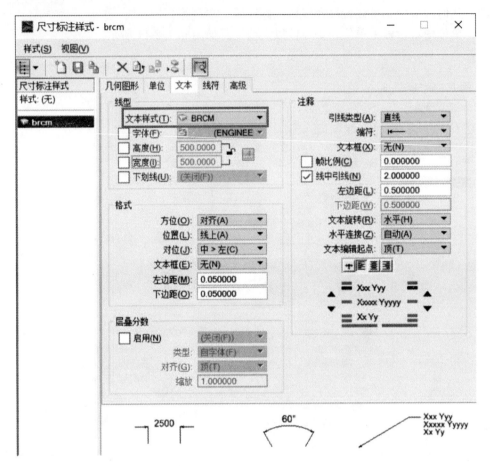

图 6.4.2-12 文本（1）

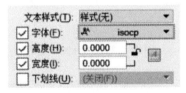

图 6.4.2-13 文本（2）

7 参考其他专业图纸

参考其他专业图纸是为了更好地定位。在做项目之前，需要有统一的轴网来进行总的规划，进行电缆通道设计以及设备布置之前，可以参考其他专业的图纸来方便模型定位。

7.1 参考轴网

将"土建模型"文件夹拷贝到"C：\ ProgramData \ Bentley \ BRCM \ WorkSpace \ Projects \ demoproject"下（假设 BRCM 默认安装在 C 盘下）。

（1）点击"基本工具栏"中的"参考"命令。如图 7.1-1 所示。

图 7.1-1 基本工具

打开"参考"对话框。如图 7.1-2 所示。

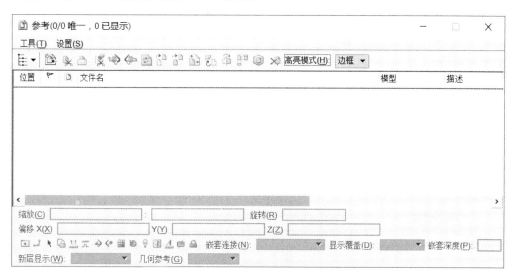

图 7.1-2 参考对话框

（2）点击菜单"工具 \ 连接"或者点击工具栏中的 连接命令，导航到"C：\ ProgramData \ Bentley \ BRCM \ WorkSpace \ Projects \ demoproject \ 土建模型"文件夹下。如图 7.1-3 所示。

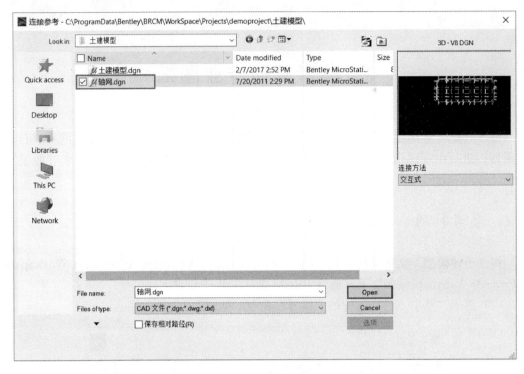

图 7.1-3　连接参考

（3）点击"轴网.dgn"文件，点击"Open"命令，软件弹出如图 7.1-4 所示对话框。

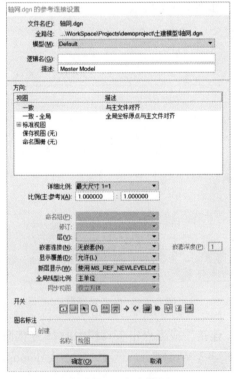

图 7.1-4　参考轴网

（4）点击"确定"命令，参考"轴网.dgn"文件。

7.2　参考其他专业模型

本示例中，演示参考土建专业模型。

（1）点击"基本工具栏"中的"参考"命令来打开"参考"对话框。如图 7.2-1 所示。

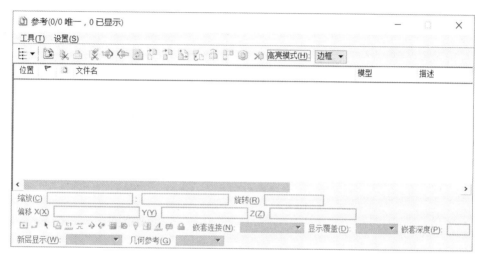

图 7.2-1　参考对话框

（2）点击菜单"工具 \ 连接"或者点击工具栏中的 连接命令，导航到"C：\ ProgramData \ Bentley \ BRCM \ WorkSpace \ Projects \ demoproject \ 土建模型"文件夹下。如图 7.2-2 所示。

图 7.2-2　连接参考

139

（3）点击"土建模型.dgn"文件，点击"Open"命令，软件弹出如图7.2-3所示对话框。

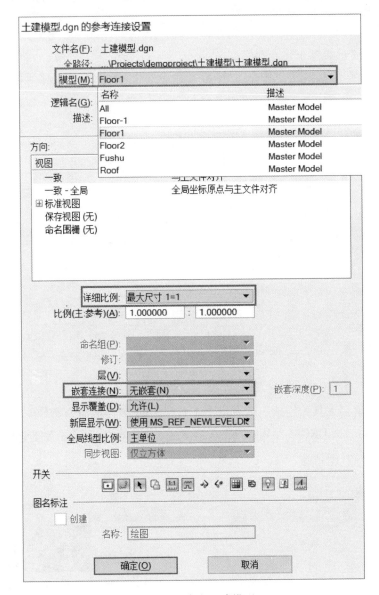

图 7.2-3　参考土建模型

1）"模型"：土建模型的模型结构，本例中土建模型"ALL"为总的模型，参考了"Floor-1（地下一层）"、"Floor1（一层）"、"Floor2（二层）"、"Fushu（附属）"、"Roof（屋顶）"这几个模型空间中的模型。用户可以根据需要选择参考相应模型。例如绘制一层的桥架，则参考"Floor1"；如果想参考总体土建模型，则选择"All"。

2）"详细比例"：参考模型的建模比例一般为1:1。

3）"嵌套连接"：参考的模型本身有没有参考别的模型；"嵌套深度"：参考的层级，其标识数字不是个数，而是参考递增的层级。

例如本例中，"All"为总的模型，参考了"Floor-1"、"Floor1"、"Floor2"、"Fushu"、"Roof"模型，但这几个模型没有参考，所以参考深度为"1"；如果模型选择"All"，嵌套连接选择"实时嵌套"，嵌套深度为"1"；如果模型选择"Floor1"，则嵌套连接选择"无嵌套"。

本例中，绘制一层的桥架，模型选择"Floor1"，嵌套连接选择"无嵌套"。

（4）点击"确定"命令，参考"Floor1"。如图 7.2-4 所示。

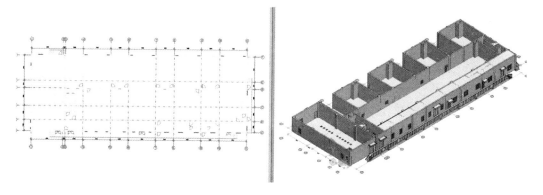

图 7.2-4　参考 Floor1 模型

8 电缆通道设计

本章讲解如何布置、编辑电缆通道（包括桥架、埋管、电缆沟等）；如何定义电缆通道属性；如何设置电缆编号等参数；电缆通道布置完后，如何检验其连通性。

注：电缆敷设前，必须先布置完电缆通道，并保证其连通。

8.1 桥架设计

本节用到的命令为任务栏中"BRCM详细设计"下的"W"系列命令。如图8.1-1所示。

- ▦ W-2 布置桥架
- ▦ W-3 桥架属性
- ▦ W-4 中心线转换桥架
- ▦ W-5 修改桥架
- ▦ W-6 插入部件
- ▦ W-7 剪切桥架
- ▦ W-8 拉伸桥架

- ▦ W-9 桥架尺寸
- ▦ W-10 桥架偏移
- ▦ W-11 删除桥架
- ▦ W-12 桥架ID
- ▦ W-13 桥架设置
- ▦ W-14 编辑桥架部件

图8.1-1　W-桥架命令框

8.1.1 布置桥架

布置桥架命令可参数化布置多层桥架，可设置不同的桥架系统、桥架样式、桥架规格。本节会详细介绍布置桥架命令。

点击"W-2布置桥架"命令来布置桥架。如图8.1.1-1所示为布置桥架对话框。

（1）桥架配置：可预设桥架的配置名称、类型以及行、列及间隔，如图8.1.1-2所示对话框中设置了常用的"三层桥架"配置。设置行为"3"，列为"1"；间隔默认值"0.5"，没有实际单位，根据文件单位为"m"，则0.5代表0.5m，也即500mm。

（2）桥架布局：设置一次布置桥架的行、列数。在桥架配置设置后，还可在如图8.1.1-3所示对话框中再设置临时的布局方式。

在图8.1.1-3对话框中的红色标注区域，点击鼠标右键可添加、删除、剪切、复制、粘贴相应的桥架行数、列数；右键"偏移Y（m）"灰色区域可增减相应的桥架列数；右键"A"灰色区域可增减相应的桥架行数。

（3）属性：

ZY8.1.1-1

布置桥架

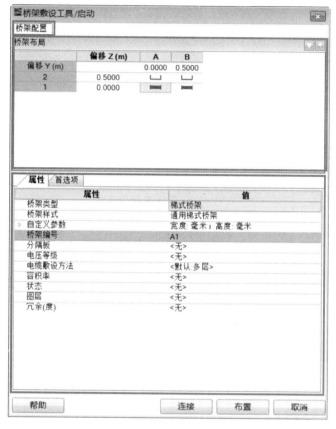

图 8.1.1-1　布置桥架对话框

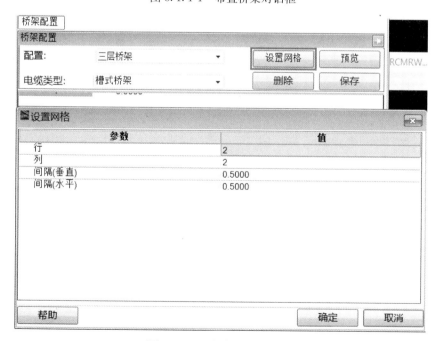

图 8.1.1-2　桥架配置对话框

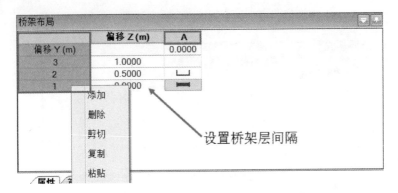

图 8.1.1-3　桥架布局对话框

点击桥架布局中的其中一桥架单元格，可在属性框中设置桥架属性。如图 8.1.1-4 所示。

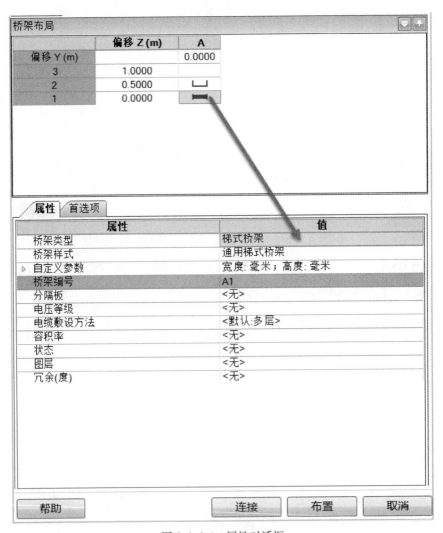

图 8.1.1-4　属性对话框

1）桥架类型：设置桥架类型。如图 8.1.1-5 所示。例如设置桥架类型为"槽式桥架"。

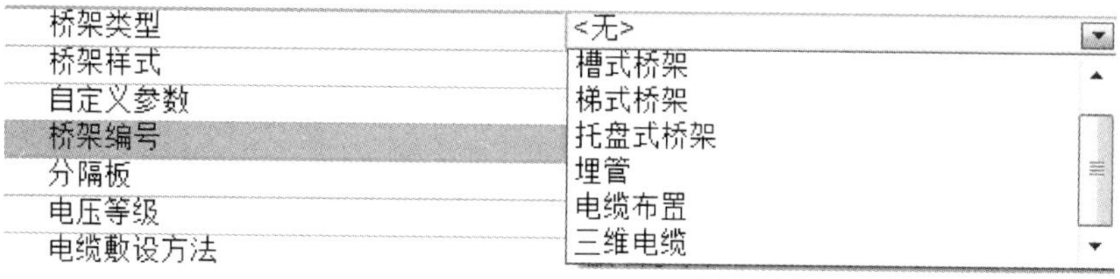

桥架类型	<无>
桥架样式	槽式桥架
自定义参数	梯式桥架
桥架编号	托盘式桥架
分隔板	埋管
电压等级	电缆布置
电缆敷设方法	三维电缆

图 8.1.1-5　桥架类型对话框

2）桥架样式：设置桥架样式。如图 8.1.1-6 所示。例如选择"通用槽式桥架"。

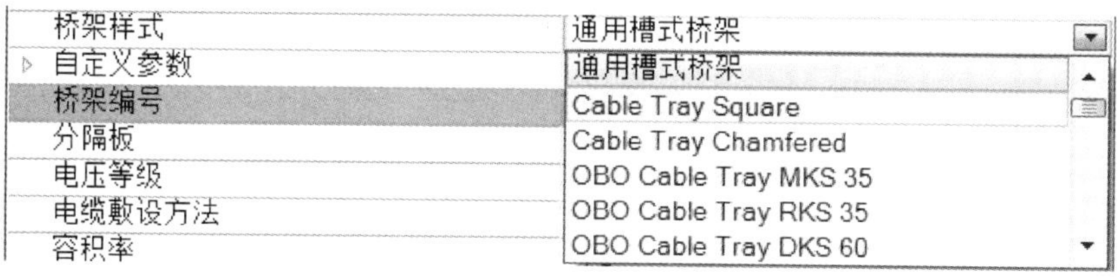

桥架样式	通用槽式桥架
自定义参数	通用槽式桥架
桥架编号	Cable Tray Square
分隔板	Cable Tray Chamfered
电压等级	OBO Cable Tray MKS 35
电缆敷设方法	OBO Cable Tray RKS 35
容积率	OBO Cable Tray DKS 60

图 8.1.1-6　桥架样式对话框

3）自定义参数：设置桥架规格。

① 如果桥架样式为通用槽式桥架，则自定义参数可参数化设置桥架宽度、高度值。如图 8.1.1-7 所示。

◢ 自定义参数	宽度：毫米；高度：毫米
宽度	400.0000
高度	300.0000

图 8.1.1-7　自定义参数（1）

② 如果桥架样式为定义好的样式，则自定义参数为其定义好的宽度、高度规格。如图 8.1.1-8 所示。

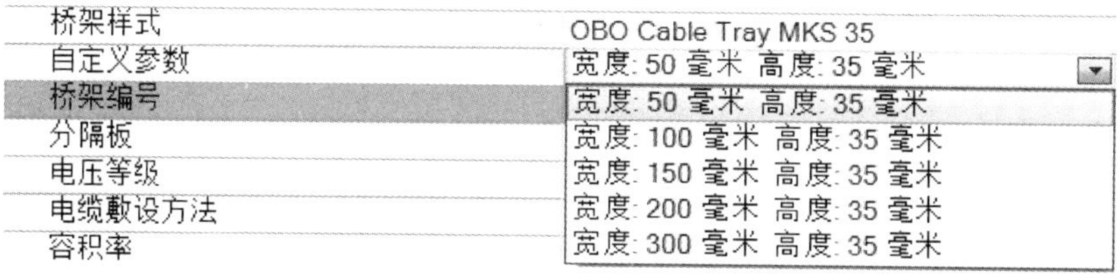

桥架样式	OBO Cable Tray MKS 35
自定义参数	宽度：50 毫米　高度：35 毫米
桥架编号	宽度：50 毫米　高度：35 毫米
分隔板	宽度：100 毫米　高度：35 毫米
电压等级	宽度：150 毫米　高度：35 毫米
电缆敷设方法	宽度：200 毫米　高度：35 毫米
容积率	宽度：300 毫米　高度：35 毫米

图 8.1.1-8　自定义参数（2）

4）分隔板：设置桥架的敷设区域，如果加分隔板，则敷设电缆时，可设置同一段桥架敷设多种电缆。如图 8.1.1-9 所示。分隔板没有实际的模型，只是在敷设时，形式上起作用。

5）电压等级：所敷设电缆的电压等级。如图 8.1.1-10 所示。可根据需要添加所需电压等级。

分隔板	1
◢ 分隔板/截面 1 [%]	50.00 ◄────── 桥架分段百分比
电压等级	LV
电缆敷设方法	<默认:多层>
容积率	中(75%)
◢ 分隔板/截面 2 [%]	50.00
电压等级 <截面2>	CTRL
电缆敷设方法 <截面2>	<默认:多层>
容积率 <截面2>	中(75%)

图 8.1.1-9   分隔板参数

电压等级	LV	▼
电缆敷设方法	<无>	
容积率	LV	
状态	MV	
图层	CTRL	
冗余(度)	IW	
UDA	COM	

图 8.1.1-10   电压等级参数

6）电缆敷设方法：敷设电缆的方式。如图 8.1.1-11 所示。

电缆敷设方法	<默认:多层>	▼
容积率	<默认:多层>	▲
状态	多层	
图层	单层	
冗余(度)	单层间距等于最大电缆直径	
UDA	三角形	
	埋管填充的 NEC 规则 - 单根电缆	▼

图 8.1.1-11   电缆敷设方法参数

7）容积率：桥架敷设容积率。如图 8.1.1-12 所示。可根据需要添加合适的容积率。

容积率	中(75%)	▼
状态	<无>	
图层	低(50%)	
冗余(度)	中(75%)	
UDA	高(100%)	

图 8.1.1-12   容积率参数

8）状态：定义当前绘图的状态。

9）图层：设置桥架的图层。

10）冗余度：设置桥架的冗余度。

（4）首选项：设置桥架参数。如图 8.1.1-13 所示。

（5）"布置"命令：按照属性框中设置的桥架参数布置桥架。

"连接"命令：可识别已绘制桥架的参数，并继续按照识别桥架的规格绘制下一段桥架。如图 8.1.1-14 所示。

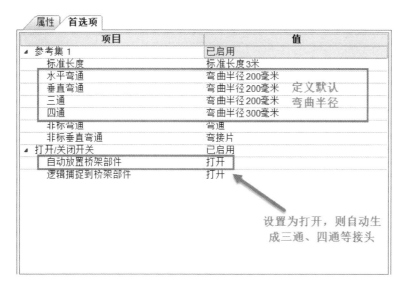

图 8.1.1-13　首选项

图 8.1.1-14　布置、连接命令框

【工程练习一】布置桥架，练习使用快捷键：F11，空格，Enter，T，S，F，O 等命令精确绘制桥架。详细操作命令可参照录制视频。

F11：任意情况下，光标集中在精确绘图坐标系中。

空格：直角坐标系和极坐标系之间切换。

Enter：锁轴。

T：顶视图。

S：侧视图。

F：前视图。

O：设置临时坐标。

?：显示快捷键，如果不清楚快捷键，可使用"?"查看。

如图 8.1.1-15 所示，设置桥架参数。

点击"布置"命令开始绘制桥架，按 F11，转入精确绘图。

放大左下角，将左上角定义为新的原点（X，Y，Z=0，0，0），如图 8.1.1-16 所示。

如图 8.1.1-17 所示，对左边的电缆管道插入点，定义坐标（X，Y，Z=0.5，0.5，−1）。如图 8.1.1-17 所示。

输入数据点来定义电缆管道第一点的位置。移动光标到右边。

在精确绘图输入"9"并插入一个数据点，放置一根 9m 长的桥架。如图 8.1.1-18 所示。

单击"放置部件"，软件弹出如图 8.1.1-19 所示对话框。

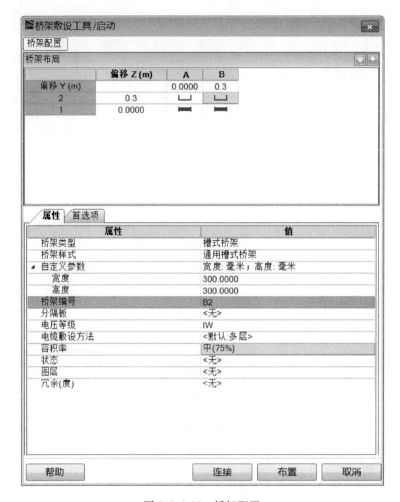

图 8.1.1-15 桥架配置

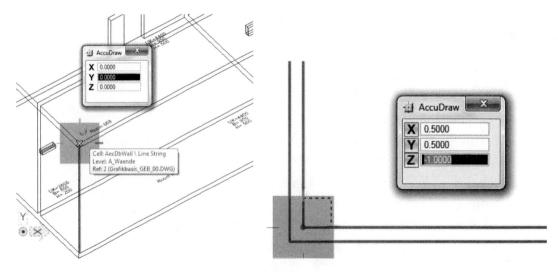

图 8.1.1-16 定义原点   图 8.1.1-17 定义坐标

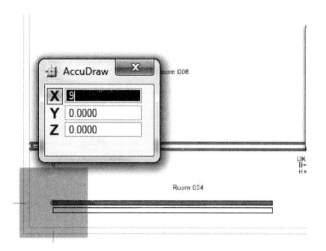

图 8.1.1-18　放置桥架

图 8.1.1-19　插入部件

选择"水平弯通90°"，选择方向"向左"，单击"鼠标插入点位置"。如图8.1.1-20所示。

在一个数据点，选择90°弯角的右边。如图8.1.1-21所示。

在这一步，我们改变插入点为90°转弯，使我们能测量从电缆边缘到墙面的距离。

图8.1.1-20 鼠标插入点位置（一）

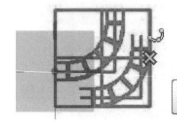

图8.1.1-21 鼠标插入点位置

移动光标到右边，捕捉墙面，使之成为新的原点，记为"O"如图8.1.1-22所示。

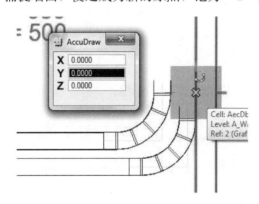

图8.1.1-22

> 注意：确保在定义原点前精确绘图是选中的。

移动光标到左边，定义X方向离墙面的距离为-0.3m。如图8.1.1-23所示。

输入数据点来放置弯曲设备，移动光标到北边，定义0.5m的直边段，输入数据点来放置0.5m长的直边段。如图8.1.1-24所示。

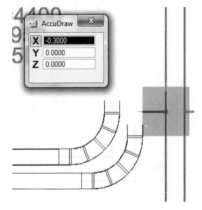

图8.1.1-23 定义距离

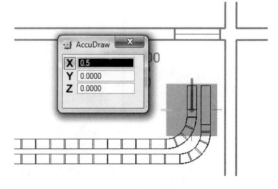

图8.1.1-24 放置直边段

在精确绘图中输入："Z：－1.5"，"X：0.5"。如图 8.1.1-25 所示。

在数据点放置垂直弯曲。如图 8.1.1-26 所示。

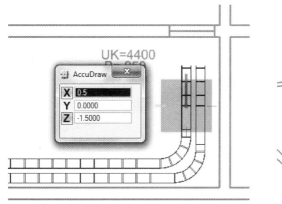

图 8.1.1-25　输入坐标

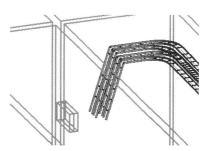

图 8.1.1-26　在数据点放置垂直弯曲

在精确绘图中输入"T"。如图 8.1.1-27 所示。

指针旋转到顶视图，在精确绘图输入"8.5"并往北移动光标，放置一根 8.5m 长的桥架。如图 8.1.1-28、图 8.1.1-29 所示。

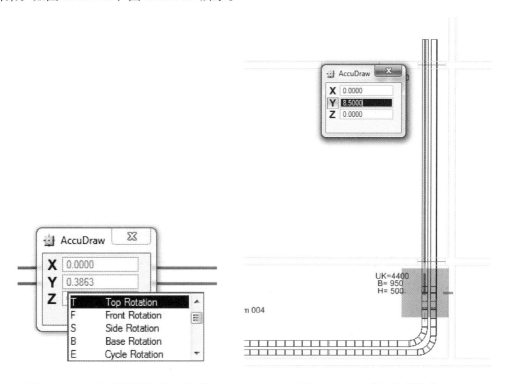

图 8.1.1-27　精确绘图中输入"T"

图 8.1.1-28　放置电缆管道

移动光标到左边，按下回车锁住方向。

将自动生成 90°的弯角。如图 8.1.1-30 所示。

捕捉北边 003 房间墙面上的大开口的中心，输入数据点在直边上插入 90°弯角，移动光标到北边，定义长度 14.5m，并输入数据点来放置。如图 8.1.1-31 所示。

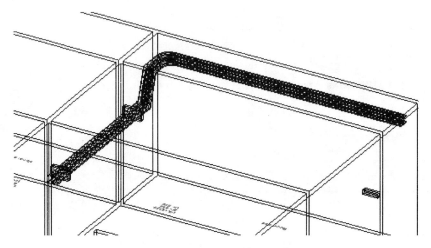

图 8.1.1-29　电缆管道三维图

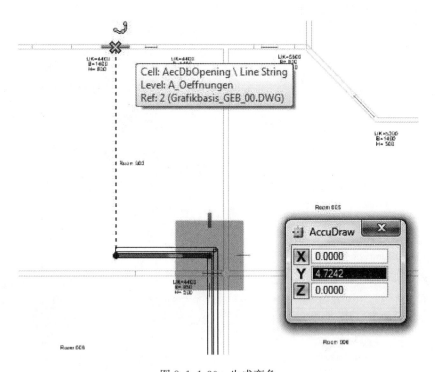

图 8.1.1-30　生成弯角

切换到 3D 轴测视图，在精确绘图中，输入"F"旋转电缆槽为垂直方向。如图 8.1.1-32 所示。

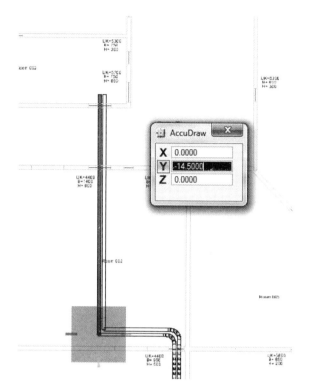

图 8.1.1-31　平面视图

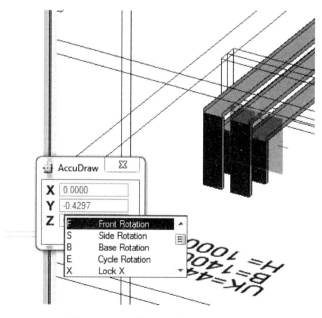

图 8.1.1-32　旋转电缆槽为垂直方向

移动光标到南边。垂直方向的电缆槽通道朝里，旋转垂直方向，输入两遍"RY"。如图 8.1.1-33、图 8.1.1-34 所示。

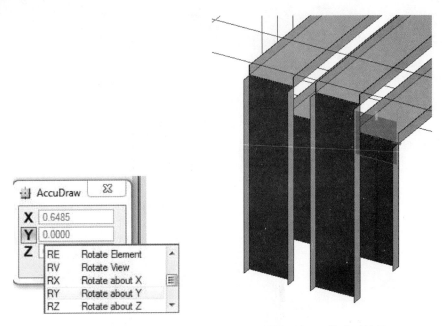

图 8.1.1-33　输入两遍"RY"　　　　　图 8.1.1-34　修改后效果

一旦电缆槽旋转到合适位置，移动光标并输入"1.5"来定义垂直方向的长度。如图 8.1.1-35 所示。

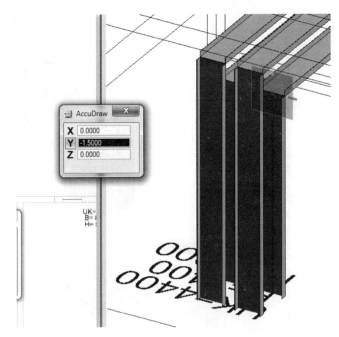

图 8.1.1-35　定义垂直方向长度

输入数据点来完成放置。如图 8.1.1-36 所示。
电缆槽放置完毕。如图 8.1.1-37 所示。

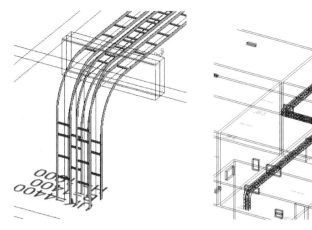

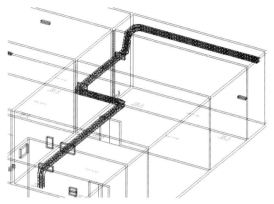

图 8.1.1-36　完成放置　　　　　图 8.1.1-37　电缆槽放置完毕

【工程练习二】绘制垂直桥架时，通过"T"，"S"，"F"切换视图，通过"RY"切换方向，确保横向桥架和垂直桥架方向一致，才可以绘制出垂直桥架。如图8.1.1-38 所示。

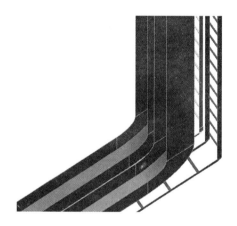

图 8.1.1-38　绘制垂直桥架

点击"W-2 布置桥架"布置水平桥架。如图 8.1.1-39 所示。

点击"F11"，切换到精确绘图，输入"S"切换视图。如图 8.1.1-40 所示。

图 8.1.1-39　布置水平桥架　　　图 8.1.1-40　切换视图

通过"RY"切换垂直桥架的方向（可输入多遍"RY"），切换到如图8.1.1-41所示角度，点击鼠标左键确认。

【工程练习三】绘制变径接头。变径接头在默认的通用桥架样式中没有此部件，需要选择某一定制的桥架样式，用户可按照实际需要定制图库。下面的例子中选择已有"OBO Cable Ladder LG45"桥架样式来绘制变径接头。

按照下图绘制直线段桥架。选择桥架类型为"梯式桥架"，桥架样式为"OBO Cable Ladder LG45"，自定义参数为"宽度：200毫米 高度：45毫米"，点击"布置"命令布置桥架。如图8.1.1-42所示。

点击"放置部件"命令，"配件"内选择"左向变径"，"部件"栏值选择"500mm"。如图8.1.1-43所示。

点击"确定"放置变径接头，继续绘制直线段。用户可根据需要选择是左变、中间变还是右变。

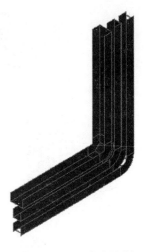

图8.1.1-41 完成绘制

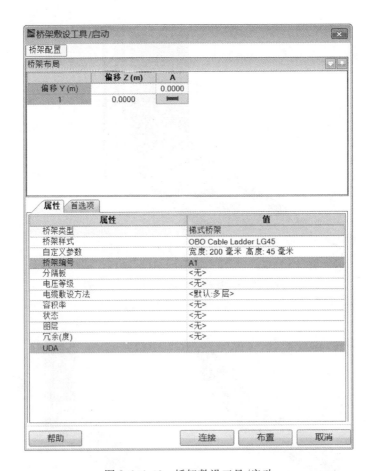

图8.1.1-42 桥架敷设工具/启动

图 8.1.1-43 选择变径

8.1.2 桥架属性

桥架属性命令可设置桥架的属性值。

点击"W-3 桥架属性"可编辑单根桥架或者多根桥架的属性值。

（1）编辑单根桥架属性

点击"W-3 桥架属性"命令后，点击鼠标左键选择需要修改属性值的桥架，点击左键确认，可编辑桥架的属性。如图 8.1.2-1 所示。

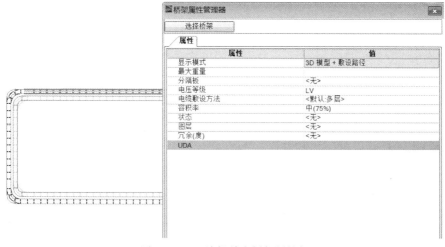

图 8.1.2-1 编辑单个桥架属性框

（2）编辑多根桥架属性

框选多根桥架，点击"W-3 桥架属性"命令后，点击鼠标左键，弹出如图 8.1.2-2 所示对话框，可编辑多根桥架的属性。

图 8.1.2-2　编辑多根桥架属性框

8.1.3　中心线转换桥架

用 MicroStation 的命令绘制的智能线或者普通直线可以利用"W-4 中心线转换桥架"转换为桥架。

操作步骤：

用 MicroStation 的命令绘制智能线或者直线，框选绘制的直线。如图 8.1.3-1 所示。

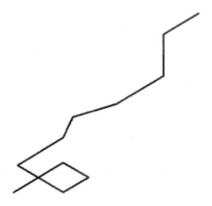

图 8.1.3-1　绘制直线

点击"W-4 中心线转换桥架"命令，定义相应的桥架属性和首选项。如图 8.1.3-2 所示。点击确定，转换为指定的桥架。如图 8.1.3-3 所示。

图 8.1.3-2　中心线转换桥架

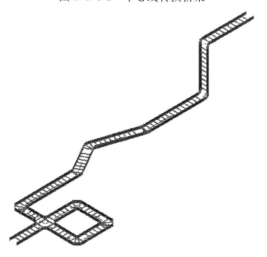

图 8.1.3-3　转换为指定桥架

注："中心线转换为桥架命令"不支持弧，如果实际项目中有弧形桥架，可将弧形分割为等分线段来完成布置。

8.1.4　修改桥架

"W-5 修改桥架"命令可批量拉伸、移动、复制某些桥架。

【工程练习一】拉伸桥架

（1）框选某一段。如图 8.1.4-1 所示。

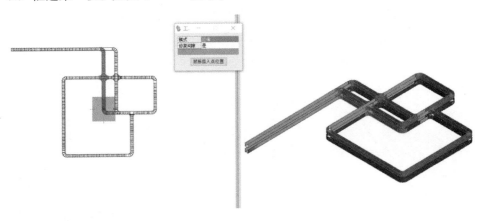

图 8.1.4-1

（2）点击"W-5 修改桥架"命令。

（3）模式选择为"拉伸"，修复间隙选择为"是"，修复间隔选择为"是"，则中间关联部分与接口部分都会处理；选择"否"，则都不处理。"鼠标插入点位置"命令可选择移动端点。如图 8.1.4-2 所示。

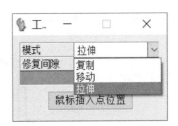

图 8.1.4-2　模式选择

（4）点击鼠标左键确认。如图 8.1.4-3 所示。

【工程练习二】移动桥架

（1）框选某一段。如图 8.1.4-4 所示。

（2）点击"W-5 修改桥架"命令。

（3）模式选择为"移动"，修复间隙选择为"是"，修复间隔选择为"是"，则中间关联部分会自动处理，两边接口部分不会处理；选择"否"，则都不处理。"鼠标插入点位置"命令可选择移动端点。如图 8.1.4-5 所示。

（4）点击鼠标左键确认。如图 8.1.4-6 所示。

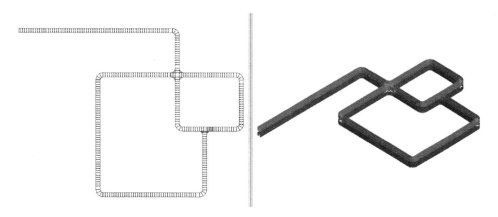

图 8.1.4-3 完成修改

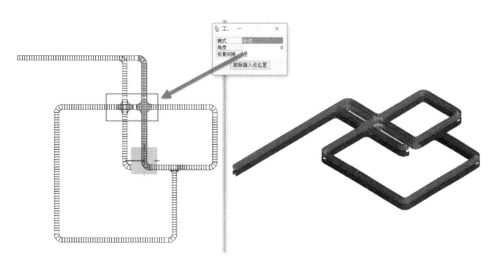

图 8.1.4-4 框选桥架

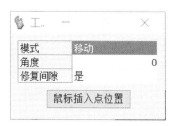

图 8.1.4-5 模式选择

【工程练习三】复制桥架

（1）框选某一段。如图 8.1.4-7 所示。

（2）点击"W-5 修改桥架"命令。

（3）模式选择为"复制"，修复间隙选择为"是"。修复间隔选择为"是"，则中间关

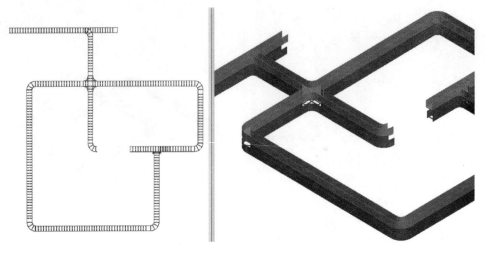

图 8.1.4-6 完成移动

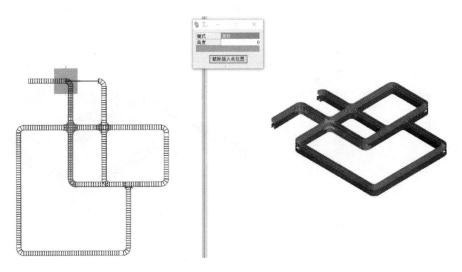

图 8.1.4-7 框选桥架

联部分会自动处理，两边接口部分不会处理；选择"否"，则都不处理。"鼠标插入点位置"命令可选择移动端点。如图 8.1.4-8 所示。

图 8.1.4-8 模式选择

（4）点击鼠标左键确认。如图 8.1.4-9 所示。

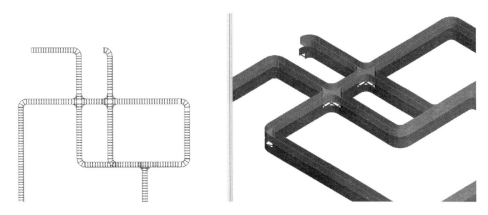

图 8.1.4-9　完成复制

8.1.5　插入部件

"插入部件"命令可在直线段桥架上插入三通、四通、弯通、垂直弯通等接头。

（1）点击"W-6 插入部件"命令，鼠标左键选择直线段桥架。

（2）点击鼠标左键确认。

（3）选择要插入的部件，对话框右边属性框中可更改属性值。如图 8.1.5-1 所示对话框。

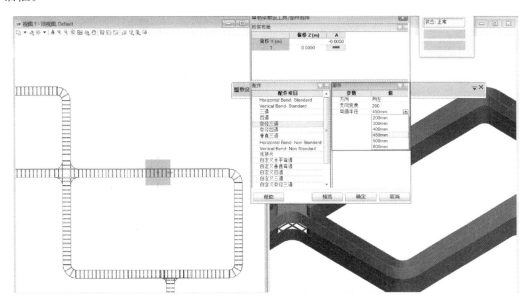

图 8.1.5-1　插入部件对话框

（4）点击"确定"，可放置部件。如图 8.1.5-2 所示。

（5）点击"翻转"命令，可选择部件方向。如图 8.1.5-3 所示。

（6）点击"鼠标插入点位置"命令，可选择部件端点。如图 8.1.5-4 所示。

（7）鼠标移动到合适的位置，可通过精确绘图命令来确认部件精确位置，点击左键确

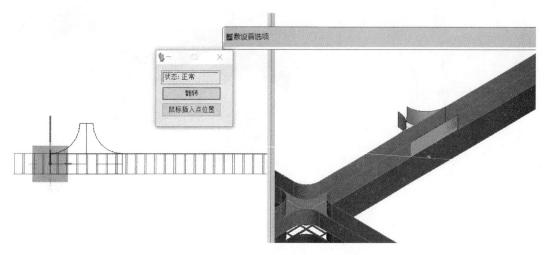

图 8.1.5-2　放置部件

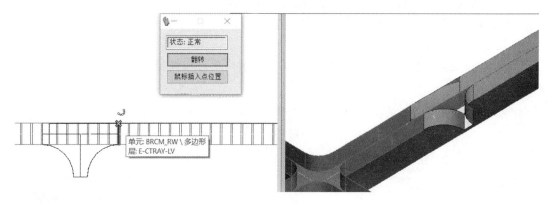

图 8.1.5-3　翻转部件

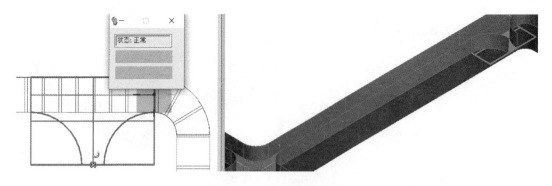

图 8.1.5-4　选择部件端点

认放置部件。如图 8.1.5-5 所示。

【工程练习】连接三通接头

点击"W-2 布置桥架"命令，点击"布置"命令绘制"宽度：300 毫米　高度：45 毫米"的直线段。如图 8.1.5-6 所示。

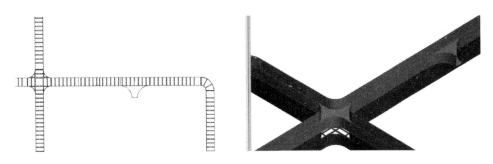

图 8.1.5-5 完成插入

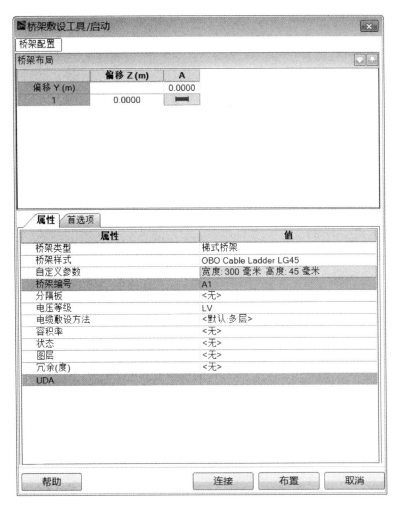

图 8.1.5-6 自定义参数

点击"W-6 插入部件"命令，放置变径接头。

选择"中间变径"接头，偏移距离选择"200mm"，单击"确定"。如图 8.1.5-7 所示。

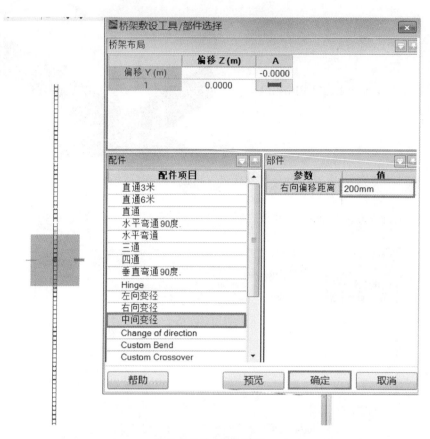

图 8.1.5-7 部件选择

放置数据点，直边段将在放置中间变径接头之后自动连接宽为 200mm 的桥架。如图 8.1.5-8 所示。

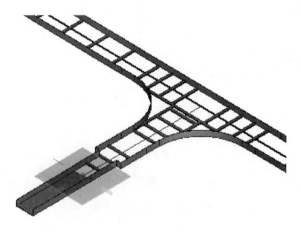

图 8.1.5-8 自动连接管道

在精确绘图窗口输入"1"放置 1m 长的直边段。如图 8.1.5-9 所示。

缩放到轴测视图。

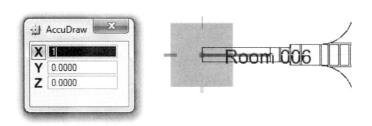

图 8.1.5-9　放置直边段

在精确绘图窗口输入"F"，视图将转到前侧，适当旋转垂直视图，在精确绘图中输入"RY"。如图 8.1.5-10 所示。

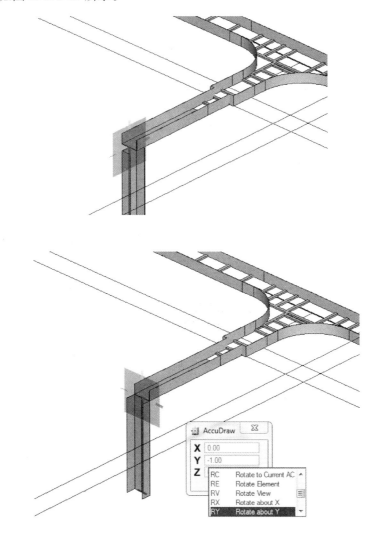

图 8.1.5-10　输入"RY"

输入"Enter"锁定垂直弯曲方向，移动光标捕捉另一侧的三通接头。输入数据点放置垂直弯曲。如图 8.1.5-11 所示。

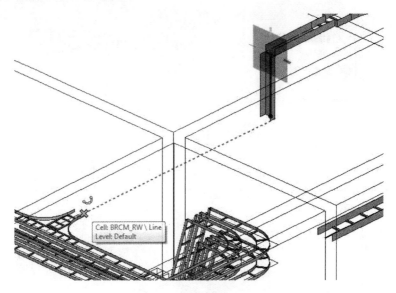

图 8.1.5-11　放置垂直弯曲

输入"T"返回顶视图。如图 8.1.5-12 所示。

捕捉另一侧的三通接头。如图 8.1.5-13 所示。

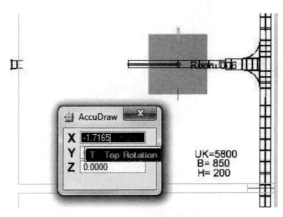

图 8.1.5-12　返回顶视图

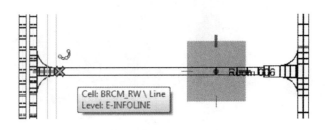

图 8.1.5-13　捕捉另一侧三通接头

输入数据点完成桥架放置。如图 8.1.5-14 所示。

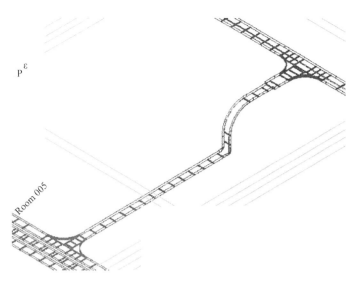

图 8.1.5-14 完成桥架放置

注：*BRCM 中某些特定错误操作后，会造成对话框打不开或者不能正确显示。如插入部件时，工具显示对话框不能够正确打开，或显示其中的"翻转"、"鼠标插入点位置"按钮。如图 8.1.5-15 所示。*

解决办法：

（1）关闭 BRCM。

（2）Windows 中，运行"Run"命令（可从开始菜单调用）。

（3）通过命令行的方式调用 BRCM. exe，在"Run"的输入框中，输入包含完整路径的 BRCM. exe，如："C：\ Program Files（x86）\ Bentley \ BRCM \ BRCM \ BRCM. exe"-restoredefaults。

图 8.1.5-15 错误操作对话框

注：*请确保 BRCM. exe 及完整路径在双引号之内，然后输入空格，再加上-restoredefaults。*

（4）点击确认，运行命令。

（5）文本框会提示命令运行详细结果：

Deleted C：\ Users \［current user folder］\ AppData \ Local \ Bentley \ BRCM

Deleted C：\ Users \［current user folder］\ AppData \ Roamingl \ Bentley \ BRCM

Deleted C：\ ProgramData \ Bentley \ BRCM \ 8. 11

Deleted C：\ Users \［current user folder］\ AppData \ Local \ Temp \ Bentley \ BRCM

Defaults restored. Press any key to Exit.

（6）完成之后，启动 BRCM，问题对话框会恢复正常。

8.1.6 剪切桥架

"剪切桥架"命令可将直线段桥架剪切为两段。

（1）点选或者框选（或者通过 Ctrl 键来多选）所需剪切的桥架。如图 8.1.6-1 所示。

图 8.1.6-1　选择桥架

（2）点击"W-7 剪切桥架"命令进行剪切。

（3）点击鼠标左键确认。

（4）点击左键确认剪切位置，可通过"精确绘图"命令精确定位。如图 8.1.6-2 所示。

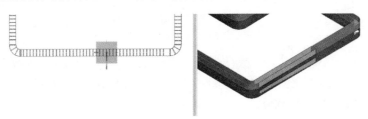

图 8.1.6-2　确认剪切位置

8.1.7 拉伸桥架

"拉伸桥架"命令，可将已有直线段桥架拉伸到指定位置。

点击"W-8 拉伸桥架"命令，点击要拉伸的桥架，点击左键，拉伸到指定位置后，点击左键结束。

8.1.8 修改桥架尺寸

点选或框选桥架，点击"W-9 桥架尺寸"命令，可修改桥架的样式以及规格。如图 8.1.8-1 所示。

修改后，梯式桥架变为槽式桥架，规格样式也发生变化，四通、弯通等接头也跟着变

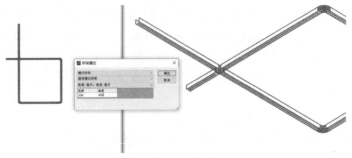

图 8.1.8-1　修改桥架属性

化。如图 8.1.8-2 所示。

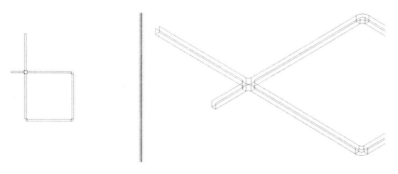

图 8.1.8-2　修改后规格样式

8.1.9　桥架偏移

桥架可根据敷设路径进行偏移，生成新的桥架样式，该命令适合于既有横向桥架也有纵向桥架的设计，如果用普通的拷贝命令，则会导致某一方向的桥架重合。

点击"W-10 桥架偏移"命令，选择桥架敷设路径的起始端、终止端，点击右键，在弹出的"桥架偏移"界面，设置即将偏移后的桥架的偏移值、桥架类型以及属性值。

注：偏移值需根据图纸的单位来定值。例如：图纸单位为"mm"，则偏移值为 500，如果图纸单位为"m"，则偏移值为 0.5。

偏移后的效果如图 8.1.9-1 所示。

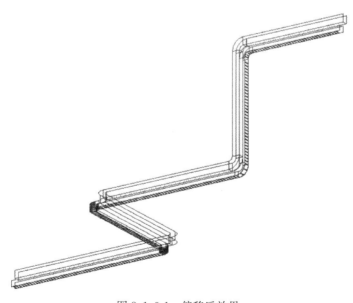

图 8.1.9-1　偏移后效果

8.1.10 桥架编号赋值

布置桥架后，需给桥架赋予 ID，以便敷设电缆的时候，记录敷设路径，敷设路径根据桥架编号来确定。如图 8.1.10-1 所示。

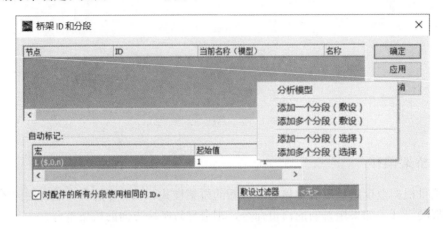

图 8.1.10-1 桥架 ID 和分段

设置桥架 ID，可按照敷设路径来定义，也可根据点选（可通过 Ctrl 键多选）桥架方式来定义。

添加一个分段定义桥架 ID 时，表示给一段桥架赋值；添加多个分段 ID 时，表示给多段桥架赋值。

自动标记宏为桥架编号的规则，本例中桥架以 L 为桥架编号的默认值，起始值从 1 开始编号，以 1 为增量，则为 "L1"、"L2"、"L3" ⋯⋯

【示例】按照敷设路径赋值。

操作步骤：

（1）点击 "W-12 桥架 ID" 命令，在弹出的 "桥架 ID 和分段" 对话框中，右键点击灰色区域，选择 "添加多个分段（敷设）"。标记宏默认值为："L"，起始值："1"，增量 "1"。如图 8.1.10-2 所示。

（2）选择桥架敷设路径的起始端和终止端。如图 8.1.10-3 所示。

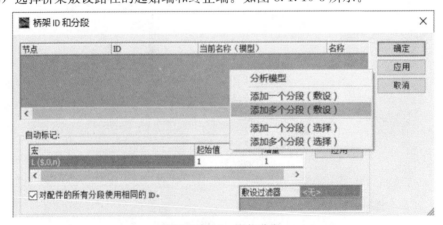

图 8.1.10-2 添加分段

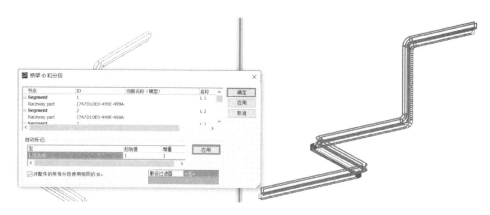

图 8.1.10-3　选择桥架起始与终止端

点击"应用"，点击"确定"命令赋值桥架 ID，在桥架的中心位置显示桥架编号。如图 8.1.10-4 所示。

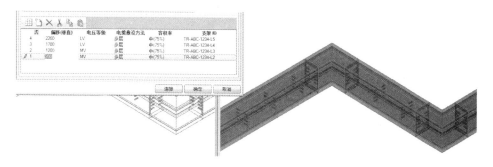

图 8.1.10-4　显示编号

8.1.11　桥架设置

桥架设置对话框可设置桥架的显示样式，以及绘制桥架时，是否自动放置部件，以及是否在单独的层上创建梯子横档。

自动放置桥架部件设置为"打开"，则在放置桥架时，软件可自动生成三通、四通等接头。如图 8.1.11-1 所示。

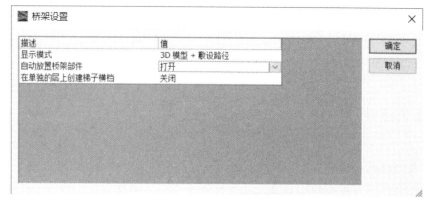

图 8.1.11-1　桥架设置

8.1.12 编辑桥架部件

"编辑桥架部件"命令可修改接头部件的弯曲半径及弯曲角度。

点击"W-14 编辑桥架部件"命令，点击需要修改的桥架部件，修改"弯曲半径"、"弯曲角度等"参数，在图纸区域点击鼠标左键确认修改。如图 8.1.12-1、图 8.1.12-2 所示。

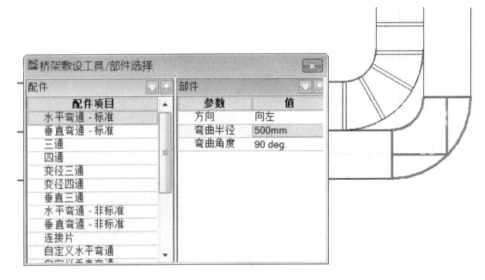

图 8.1.12-1　修改前

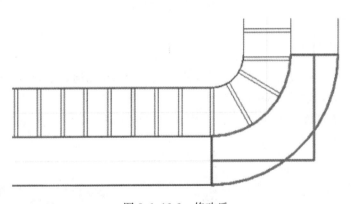

图 8.1.12-2　修改后

8.2　埋管设计

注：埋管需和桥架放置在一张图纸上，并且相连的部分需用电气线绘制，不能直接连接，否则软件认为敷设路径不通。如图 8.2-1、图 8.2-2 所示。

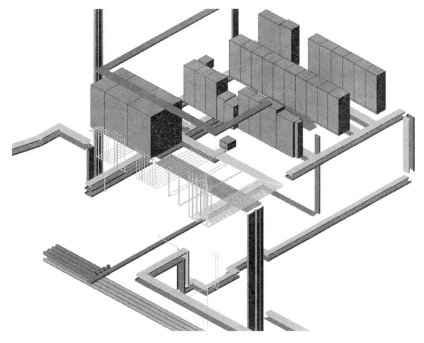

图 8.2-1　埋管效果图

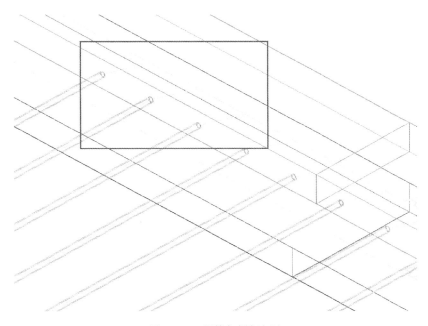

图 8.2-2　埋管与桥架相连

点击任务栏"BRCM 详细设计 \ W-2 布置桥架"命令可布置埋管。"桥架类型"："选择埋管"。选择合适的桥架样式及参数可绘制埋管，如图 8.2-3 所示，方法同绘制桥架一样，在此不做赘述。

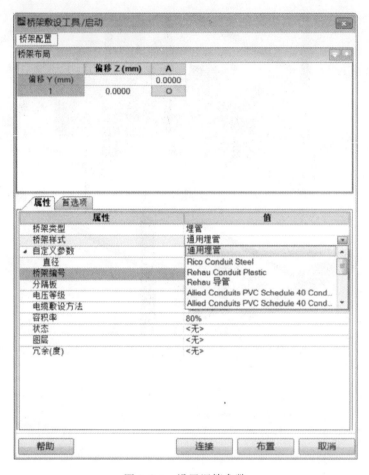

图 8.2-3　设置埋管参数

8.3　电缆沟设计

ZY8.3-1

放置电缆沟、支架

工程设计中，遇有电缆埋在地下的，需要挖电缆沟。电缆沟的布置所要用到的命令为任务栏"BRCM 详细设计"下的"T"命令行，可以绘制、编辑电缆沟，功能与桥架类似。

8.3.1　布置电缆沟

点击"T-1 布置电缆沟"命令布置电缆沟。如图 8.3.1-1 所示。

（1）"电缆沟设置"部分，可设置电缆沟的名称、沟宽、沟深等参数。

（2）可勾选"有盖"选择布置电缆沟时是否放置沟盖。

（3）可勾选"放置电缆沟支架"来选择布置电缆沟时，放置支架。

（4）"支架设置"部分可分别设置左侧、右侧支架的层数、标高等值。

（5）选择"右侧支架"，勾选"从左侧复制支架设置"选项，则左侧、右侧支架参数一致。如图 8.3.1-2 所示。

图 8.3.1-1　电缆沟选项卡

图 8.3.1-2　支架设置

（6）点击"设置网格"命令，可设置支架的层数、支架间距以及基准偏移。如图
8.3.1-3 所示。

图 8.3.1-3　设置电缆支架配置

如果支架间距不相等，则在设置完后，点中偏移值，局部调整，可设置桥架的电压等级、敷设方法、容积率以及 ID，在敷设电缆时，根据支架设置的条件来敷设电缆路径。如图 8.3.1-4 所示。

否	偏移(垂直)	电压等级	电缆敷设方法	容积率	支架 ID
4	1700	LV	埋管中多根电缆	低(50%)	TR1-L5
3	1200	CTRL	埋管中多根电缆	低(50%)	TR1-L4
2	700	IW	埋管中多根电缆	低(50%)	TR1-L3
▶ 1	200	COM	埋管中多根电缆	低(50%)	TR1-L2

图 8.3.1-4　设置敷设条件

8.3.2　插入电缆沟部件

点击"T-4 插入电缆沟部件"命令来插入电缆沟的三通、四通等接头，绘制电缆沟时，无法自动生成三通、四通等接头，需要手动插入。如图 8.3.2-1 所示。

图 8.3.2-1　电缆沟部件设置

选中"三通"接头，点击"确定"命令插入三通。可调整三通方向以及鼠标插入点位置。"鼠标插入点位置"在有垂直相交时起作用。如图 8.3.2-2 所示。

点击希望放置三通的位置，点左键插入三通。如图 8.3.2-3 所示。

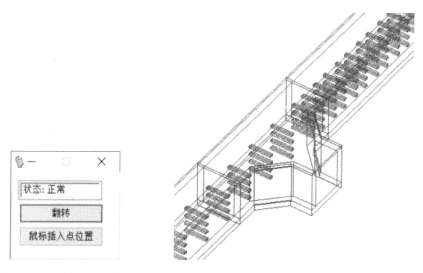

图 8.3.2-2　插入三通设置　　　　　图 8.3.2-3　插入结果

8.4　检验桥架连通性

桥架布置完后，需检查桥架是否连通，如果桥架不通，则无法成功敷设电缆。本节所需要的命令如图 8.4-1 所示。

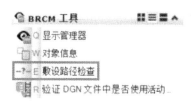

图 8.4-1　E 敷设路径检查

点击"E 敷设路径检查"命令，可根据电压等级来进行过滤。如图 8.4-2 所示。

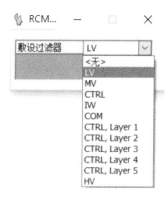

图 8.4-2　敷设过滤器

点击敷设路径的起始端、终止端来检验是否连通，如果显示如图 8.4-3 所示，则表明桥架连通。

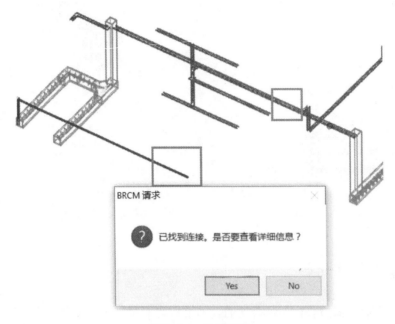

图 8.4-3　桥架连通

如果显示如图 8.4-4 所示，则表明桥架不通，需在图纸中检查哪段路径不通，并修正。

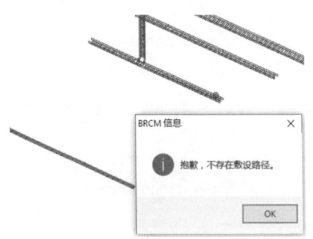

图 8.4-4　桥架不通

9 设 备 布 置

本章讲解如何布置、编辑设备。设备布置分两种模式，可以手动布置设备，也可导入 Bentley Substation、Openplant Modeler 已经建好的三维模型。

9.1 设备布置

BRCM 中设备布置分多种方式，可以自行在 BRCM 中布置，也可导入 Bentley Substation、Openplant Modeler 已经建好的三维模型。BRCM 中的设备分两种类型：一种是参数化的设备，此类型的设备可通过调整参数来完成；一种是设备单元，此类型的设备不可参数化编辑，为固定单元。

设备布置利用任务栏"BRCM 详细设计"下的"Q"命令行完成。如图 9.1-1 所示。

图 9.1-1　Q 命令行

ZY9.1-1

设备布置与编辑

（1）新建图纸，命名为"设备"。如图 9.1-2 所示。

图 9.1-2　新建图纸

（2）参考土建模型，进行设备定位，选择模型"Floor2"，将设备布置在二层房间内。如图 9.1-3 所示。

图 9.1-3　设备定位

（3）布置设备

通过"Q-2 设备管理器"命令来放置设备。

步骤如下：

1）点击"Q-2 设备管理器"命令来放置设备。本例中放置"设备-盘柜"。

"设备-盘柜"分三级对象，可分别设置"Panel"、"Cabinet"、"Door"。如图 9.1-4 所示。

2）光标选中"Panel"项，可设置设备属性：

"状态"：可设置设备目前的状态；

"制造商"：可设置厂家；

"连接点"：设置电缆的入口点，关系到电缆敷设时，电缆进入盘柜的入口位置；

"插入点"：随着鼠标放置到图纸上的位置。

如图 9.1-5 所示。

3）光标选中"Cabinet"项，设置设备的宽度、高度、深度。如图 9.1-6 所示。

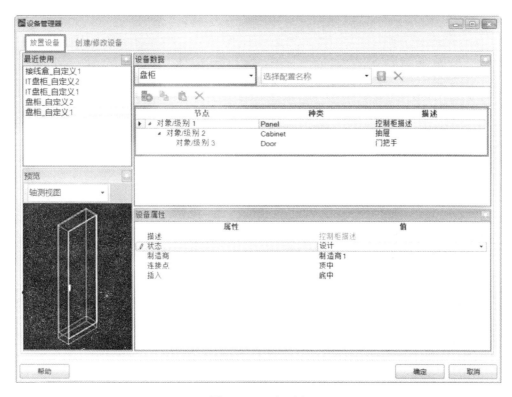

图 9.1-4　三级对象

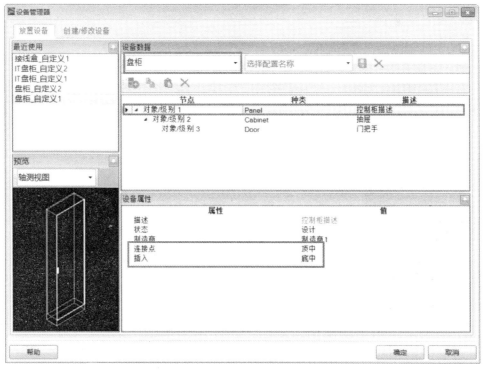

图 9.1-5　设置设备属性

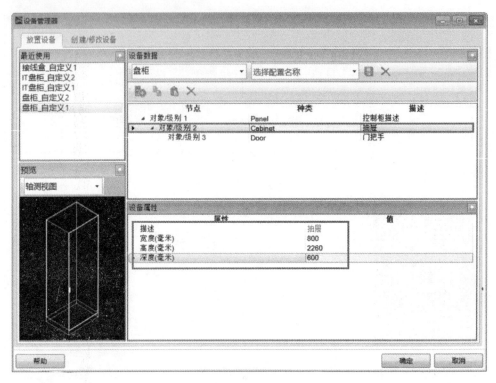

图 9.1-6　设置设备宽度、高度、深度

图 9.1-7　设置门把手位置

4）光标选中"Door"项，设置门把手位置。如图 9.1-7 所示。

5）点击"确定"按钮放置设备，放置时可设置 ID、角度以及鼠标插入点位置。放置的时候设置 ID，并且 ID 与电缆清册中的名称一致，则导入电缆清册的时候，电缆清册中的电缆连接设备的名称可与图纸中的设备名称自动匹配。如果放置的时候没定义 ID，则导入时，需手动匹配。如图 9.1-8 所示。

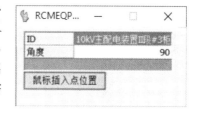

图 9.1-8　设置 ID

6）利用精确绘图坐标系放置设备。如图 9.1-9 所示。

（4）修改设备属性

框选或者点选（用 Ctrl 多选）某些设备，点击"Q-3 设备属性"可修改设备参数。如图 9.1-10 所示。将电气柜的宽度调整为"1000"。

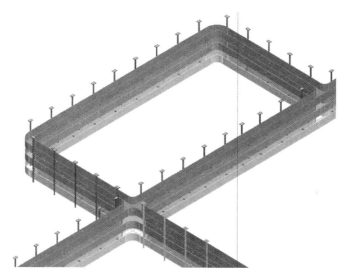

图 9.1-9　利用精确绘图坐标系放置设备

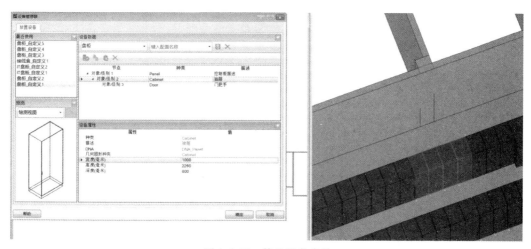

图 9.1-10　修改设备参数

调整后，效果图如图 9.1-11 所示。

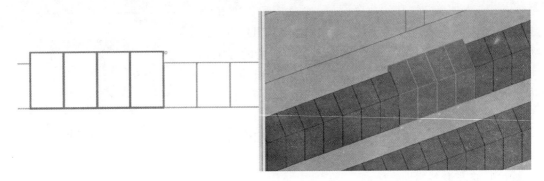

图 9.1-11　调整后效果图

9.2　支、吊架布置

BRCM 中放置支、吊架有两种方式，一种通过任务栏"BRCM 详细设计"下的"Q"命令行放置，一种通过"E"命令行放置。

（1）通过"设备管理器"放置支、吊架

放置支、吊架分四级对象。如图 9.2-1 所示。

Hanger：设置支、吊架整体参数。

Headplate：设置顶板/埋件参数。

Shaft：设置立柱参数。

图 9.2-1　放置支、吊架四级对象

Bracket：设置托臂参数。

1）光标选中"Hanger"项，可设置支、吊架的状态、制作商、插入点。如图 9.2-2 所示。

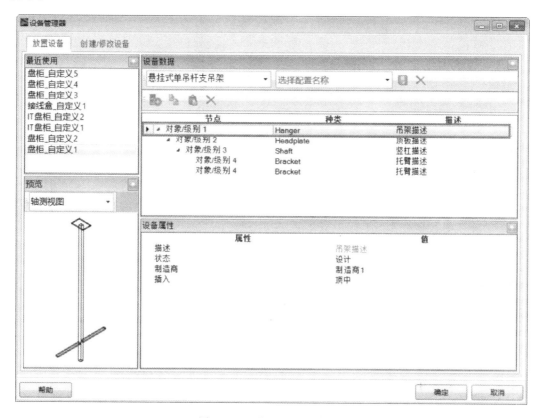

图 9.2-2 "Hanger"项设置

2）光标选中"Headplate"，可设置顶板/埋件的参数；如果没有顶板/埋件，埋件由土建提供，则设置顶板的宽度、深度与立柱一致，但不能删除。例如如果立柱的宽度、深度为"30"，则调整顶板/埋件的宽度、深度为"30"。

可设置是否要列出材料。如图 9.2-3 所示。

3）光标选中"Shaft"项，可设置立柱的参数。如图 9.2-4 所示。

4）光标选中"Bracket"项，可设置托臂的方向、标高、宽度。托臂的标高根据项目中桥架的高度位置设定，宽度跟桥架的宽度有关。如果有多层托臂，可右键点击"Bracket"项，点击"复制/粘贴"，来增加托臂；或者删除，来减少托臂。

本示例中托臂为三层，最下一层标高"200"，每隔"300"放置一个托臂，托臂宽度为"610"。如图 9.2-5 所示。

放置后如图 9.2-6 所示。

（2）通过"支架"工具来放置支、吊架

可通过"任务栏-BRCM 详细设计"下的"E"命令行来放置支、吊架，利用此命令行放置支、吊架，支、吊架的模型需要以 Openplant 中 support modler 的定制模型库为例。如图 9.2-7 所示。

图 9.2-3　设置"顶板/埋件"

图 9.2-4　设置立柱参数

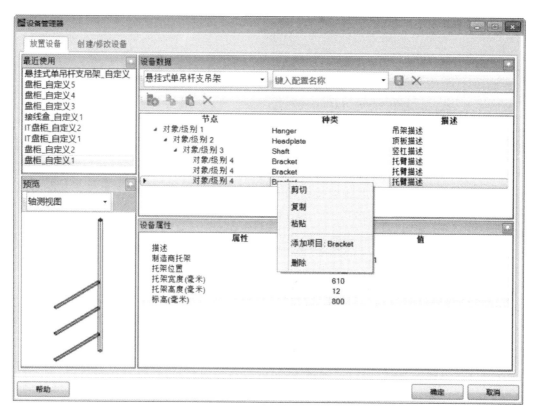

图 9.2-5 设置托臂

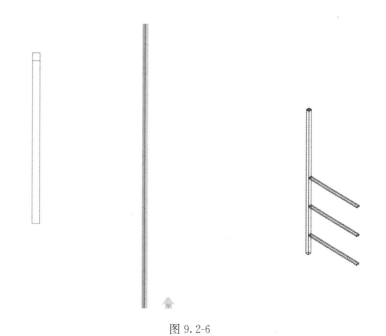

图 9.2-6

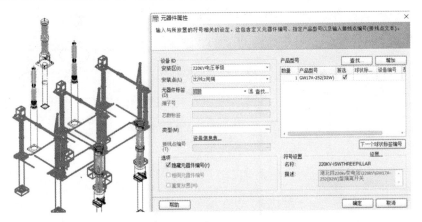

图 9.2-7 "E" 命令

9.3 导入 i-model 设备

通过任务栏："BRCM 详细设计 \ A-1 IMODEL 导入"命令可导入 Substation、Open-plant Modeler 等建好的三维模型。导入时不直接导入三维模型的图形，只导入设备的 ID 和接线点的位置，在此位置上放置接线箱来代替三维模型，进行电缆敷设。如图 9.3-1 所示。

图 9.3-1 "A" 命令

9.3.1 导入 Substation i-model 设备

（1）前提条件

1）Substation 放置设备时，必须给予设备 ID。如图 9.3.1-1 所示。

图 9.3.1-1 设置设备 ID

2）发布 i-model 时，选择"BRCM"选项。如图 9.3.1-2 所示。

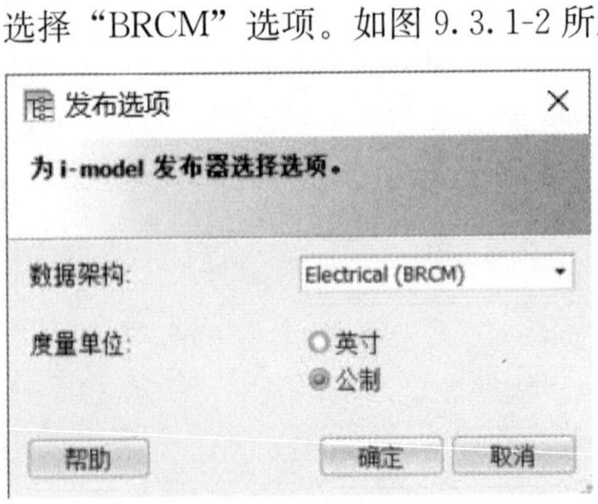

图 9.3.1-2 i-model 发布选项

（2）导入 Substation i-model 设备

注：图纸文件的设计单位一定要和导入模型的单位一致，比如 Substation i-model 模型的单位为 mm，则需调整本图纸单位为 mm。否则导入的模型位置会出现错误。

操作步骤如下：

1）参考 Substation i-model 模型

利用 📄命令参考"D0102 220kV 配电装置－220kV 电压等级-屋外配电装置-1.i.dgn"模型。如图 9.3.1-3 所示。

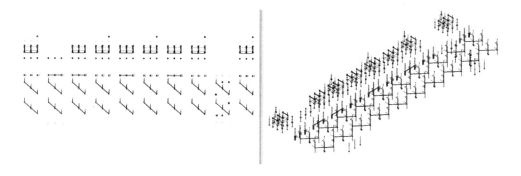

图 9.3.1-3　参考模型

2）导入 Substation i-model 设备，点击"A-1 IMODEL 导入"命令，导入 Substation i-model 设备模型，选择"Substation/promis.e（电气原理图）"选项。如图 9.3.1-4 所示。

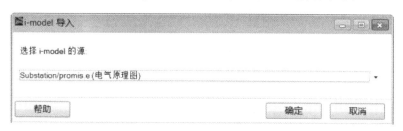

图 9.3.1-4　导入设备模型

如上图所示，点击"确定"后，弹出"检查差异"对话框，此对话框会判断即将导入的与图纸中放置的设备是否有差异，并将差异罗列出来，例如是否有增减、重复等。如图 9.3.1-5 所示。

点击"全部选中"，点击"接受"，点击"更新"导入设备，如果有错误信息，会有如图 9.3.1-6 所示提示。

3）放置接线箱

点击"OK"后，软件会弹出如图 9.3.1-7 所示对话框。

接下来软件会放置接线箱来替代 Substation 模型进行电缆敷设，当然，如果要进行碰撞检查等校验，可参考原有模型。

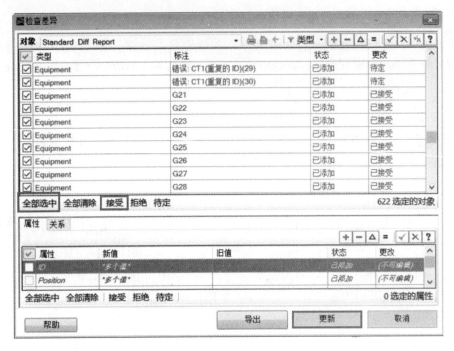

图 9.3.1-5　检查差异

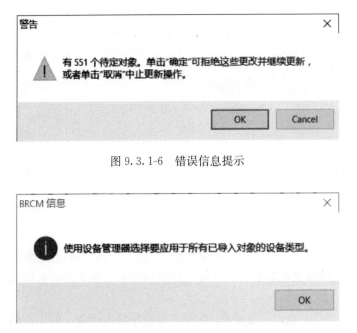

图 9.3.1-6　错误信息提示

图 9.3.1-7　BRCM 信息

点击"OK"，放置"设备-接线箱"，如图 9.3.1-8 所示。

软件会在 Substation 模型插入点（定义 Substation 模型的时候，会放置插入点）的位置，放置接线箱，接线箱的 ID 即为 Substation 模型的设备编号。Substation 插入点的位置与接线点的位置还是有差别的，所以在电缆敷设时，需考虑电缆的余量。如图 9.3.1-9 所示。

图 9.3.1-8 放置"设备-接线箱"

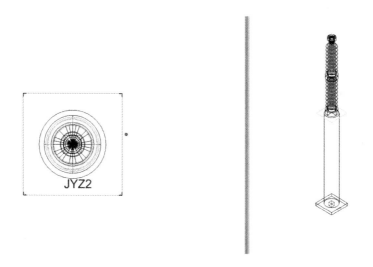

图 9.3.1-9 放置接线箱

9.3.2 导入 OpenPlant i-model 设备

（1）前提条件

OpenPlant 中自定义设备时，最好选择"pump 或者 heat changer"这两种类型的设备。

（2）导入 OpenPlant i-model 设备

操作步骤如下：

1）参考 OpenPlant i-model 模型

利用 📄 命令参考"电炉冷却水（变压器楼内）.i.dgn"模型。如图 9.3.2-1 所示。

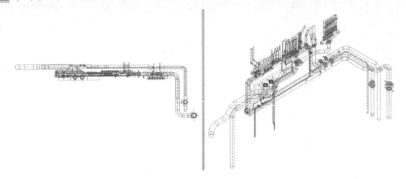

图 9.3.2-1　中冶京城设计模型

2）导入 OpenPlant i-model 设备

点击"A-1 IMODEL 导入 🖾"命令，导入 OpenPlant i-model 设备模型，选择 "OpenPlant Modeler（OpenPlant 三维原理图）"选项。如图 9.3.2-2 所示。

图 9.3.2-2　i-model 导入

点击"确定"后，弹出"检查差异"对话框。如图 9.3.2-3 所示。

图 9.3.2-3　"检查差异"对话框

点击"全部选中",点击"接受",点击"更新"导入设备。

3）放置接线箱

点击"OK"后,软件会弹出如图 9.3.2-4 所示对话框。

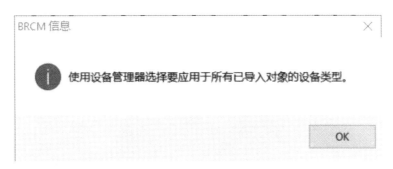

图 9.3.2-4　弹出对话框

接下来软件会放置接线箱来替代 OpenPlant 模型进行电缆敷设,如果要进行碰撞检查等校验,可参考原有模型。

点击"OK",放置"设备-接线箱",如图 9.3.2-5 所示。

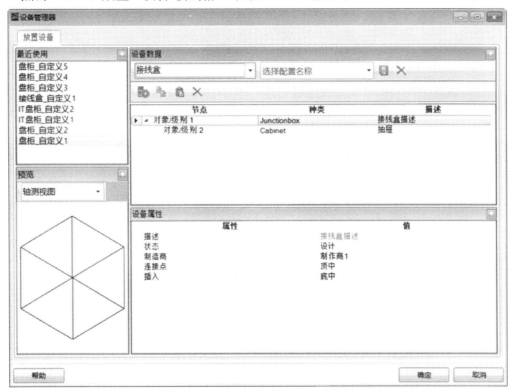

图 9.3.2-5　放置"设备-接线箱"

软件会在 OpenPlant 模型 Origin 点的位置,放置接线箱,接线箱的 ID 即为 Open-Plant 模型的设备编号。OpenPlant Origin 点的位置与接线点的位置还是有差别的,所以在电缆敷设时,需考虑电缆的余量。如图 9.3.2-6 所示。

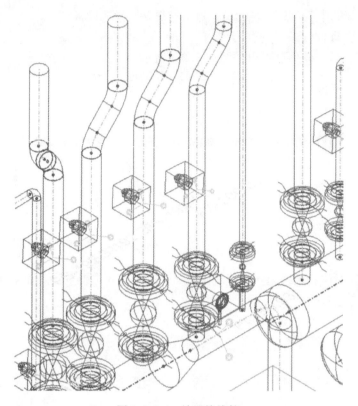

图 9.3.2-6 放置接线箱

10　电　缆　敷　设

本章将讲解电缆敷设流程。

进行电缆敷设的前提条件为：

（1）已绘制好电缆通道，并且电缆通道是连通的，桥架ID已设置好（桥架ID在统计电缆敷设路径时有用）；

（2）已正确导入电缆清册；

（3）已正确放置好设备，并且图纸中的设备和电缆清册中的设备已匹配好；

（4）如果设备到桥架不是通过埋管连接的，则设备已找到桥架入口点。

只有满足以上四个必要条件，才可以正确进行电缆敷设。

本章所要用的命令为任务栏"BRCM详细设计"下的"A"组部分命令，如图10-1所示。

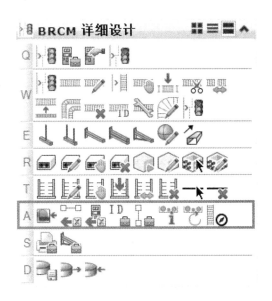

图10-1　"A"组命令

在讲解操作流程的时候，会以"A"～"X"来标识命令。

10.1　导入电缆清册

电缆清册是在工艺前段已经生成或者编辑好的原始电缆清册，电缆清册中罗列了电缆编号、电缆规格、电压等级以及电缆的连接信息，电缆清册模板可根据需要自定义。如图10.1-1所示。

ZY10.1-1

导入电缆清册

电缆清册						
电缆号	规格	长度	已用芯	电压	来向连接	去向连接
HA1-601	ZRC-YJV22-8.7/10kV, 3x185			MV	10kV主配电装置II段#3柜	#1期脱硫10kV工作电源进线
HA4-601	ZRC-YJV22-8.7/10kV, 3x120			MV	#1期脱硫10kV段HA4	#1期脱硫低压脱硫变压器
HA5-601	ZRC-YJV22-8.7/10kV, 3x120			MV	#1期脱硫10kV段HA5	一段浆液循环泵A
HA6-601	ZRC-YJV22-8.7/10kV, 3x120			MV	#1期脱硫10kV段HA6	一段浆液循环泵B
HA7-601	ZRC-YJV22-8.7/10kV, 3x120			MV	#1期脱硫10kV段HA7	二段浆液循环泵
HA8-601	ZRC-YJV22-8.7/10kV, 3x120			MV	#1期脱硫10kV段HA8	水冲洗循环泵
HA5-301	ZRC-YJV22-0.6/1.0kV, 3x4			LV	#1期脱硫10kV段HA5	一段浆液循环泵A电机加热器
HA6-301	ZRC-YJV22-0.6/1.0kV, 3x4			LV	#1期脱硫10kV段HA6	一段浆液循环泵B电机加热器
HA7-301	ZRC-YJV22-0.6/1.0kV, 3x4			LV	#1期脱硫10kV段HA7	二段浆液循环泵电机加热器
HA8-301	ZRC-YJV22-0.6/1.0kV, 3x4			LV	#1期脱硫10kV段HA8	水冲洗循环泵电机加热器
AA3A-301	ZRC-YJV22-0.6/1.0kV, 3x95			LV	#1期脱硫380V PC段 AA3	浓缩循环浆泵A
AA3A-302	ZRC-YJV22-0.6/1.0kV, 3x95			LV	#1期脱硫380V PC段 AA3	浓缩循环浆泵A
AA3A-303	ZRC-YJV22-0.6/1.0kV, 2x50			LV	#1期脱硫380V PC段 AA3	浓缩循环浆泵A
AA3B-301	ZRC-YJV22-0.6/1.0kV, 3x95			LV	#1期脱硫380V PC段 AA3	浓缩循环浆泵B
AA3B-302	ZRC-YJV22-0.6/1.0kV, 3x95			LV	#1期脱硫380V PC段 AA3	浓缩循环浆泵B

图 10.1-1　电缆清册样板

操作步骤：

（1）点击任务栏"BRCM 详细设计"下的"A-2"命令"从 Excel 导入电缆清册"，软件弹出"XLS 导入"对话框。如图 10.1-2 所示。

XLS 导入

XLS 文件	(none)	
XML 文件		
起始行	1	
结束行	100	
默认系统	LV	

帮助　　　　　　　　　　　　　　　　　　　　　　确定　　取消

图 10.1-2　XLS 导入（1）

（2）点击图 10.1-2 对话框中"XLS 文件"右侧的 按钮，选择"电缆清册 . xls"文件，点击"Open"按钮来选择电缆清册文件。如图 10.1-3 所示。

（3）点击"XML 文件"右侧的 按钮，选择"电缆清册配置表 . xml"文件，点击"Open"按钮选择电缆清册配置表文件。如图 10.1-4 所示。

（4）定义"起始行"、"结束行"、"默认系统"，点击"确定"按钮导入电缆清册。如图 10.1-5 所示。

"起始行"：电缆清册文件中去掉标头部分内容的第一行值。

"结束行"：电缆清册文件中最后一行电缆信息，此值可多于电缆数。

"默认系统"："LV"，如果电缆清册中未标明电缆的电压等级，则一律默认为低压等级"LV"。

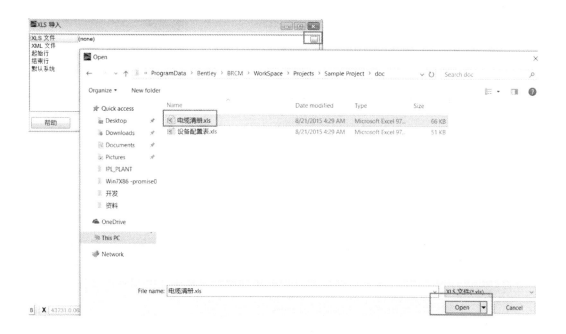

图 10.1-3 选择电缆清册文件

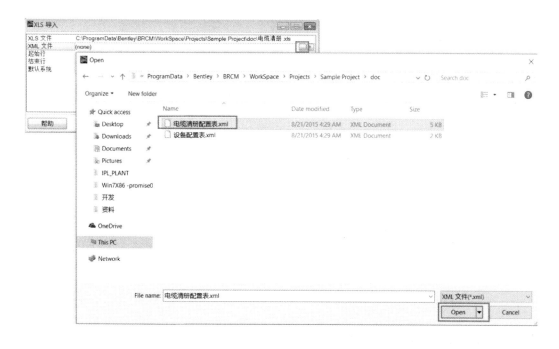

图 10.1-4 选择电缆清册配置模板

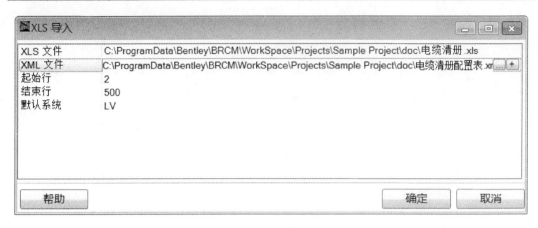

图 10.1-5　XLS 导入（2）

（5）导入电缆清册时，如果电缆清册中包含的电缆规格在 BRCM 中没录入，则弹出如图 10.1-6 对话框，根据如下对话框设置电缆规格对应的直径、单位、重量。

"直径"：电缆的缆径，敷设的时候会根据电缆的缆径计算敷设多少根电缆。

"单位"：电缆直径的单位。

"重量"：电缆的重量，单位为 kg/km。

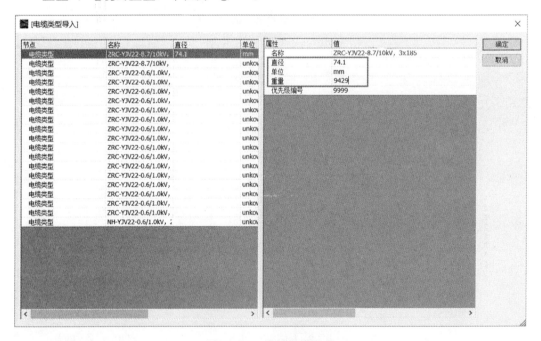

图 10.1-6　设置电缆类型

注：设置的电缆类型存储于"C：\ProgramData\Bentley\BRCM\WorkSpace\Projects\Datasets\metric\std_dataset\metadata 下的 LIB_Cable.xml"下，用户也可运用记事本打开此文件直接编辑，或者通过 BRCM 的导入电缆类型功能导入电缆类型。如图 10.1-7 所示。

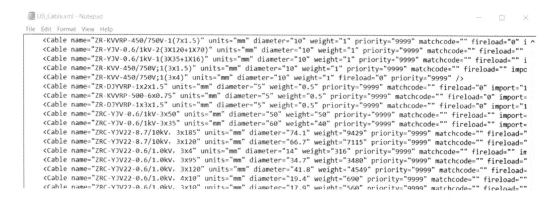

图 10.1-7　电缆类型

（6）如上图所示设置完所有的电缆类型后，点击"确定"命令，软件弹出如图 10.1-8 对话框，此对话框中罗列了所有导入的电缆信息，以电压等级为划分依据，每一行为一条电缆数据。

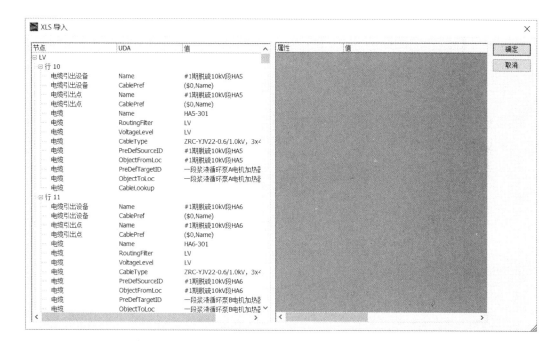

图 10.1-8　XLS导入（3）

（7）点击"确定"按钮后，软件提示导入哪种类型的电缆。如图 10.1-9 所示。

（8）点击"确定"按钮后，软件弹出如下图所示的检查差异对话框，在此对话框中，提示哪些电缆已添加、哪些删除等电缆的增减状态，用户可选择勾选要导入的电缆，在原始电缆清册发生更改并且重新导入的时候，软件都会进行判断，并将新更改的电缆导入到工程中。

点击"全部选中"选择所有电缆，点击"接受"来判断是否导入。

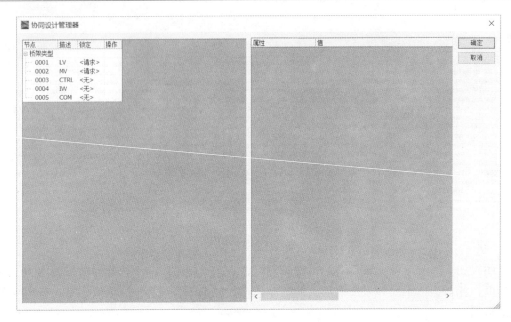

图 10.1-9　XLS导入（4）

　　注：必须点击"接受"方可导入所选电缆，否则无法正确导入电缆，点击"更新"导入电缆。如图 10.1-10 所示。

图 10.1-10　XLS导入（5）

10.2　导入设备配置表

在原始电缆清册中，会标明电缆连接的始端和终端设备，导入后，需和图纸上的设备进行匹配，标明电缆的连接关系。有时，电缆清册中标明设备的 kks 编码，而在图纸中标明的是设备的名称，故需要将设备的 kks 编码和设备名称对应起来。

本节举例说明如何导入如图 10.2-1 所示的设备配置表。

Panel ID (Equipment ID)	Terminal Connection ID	Additional Cable length (m)
10kV主配电装置Ⅱ段#3柜	10kV主配电装置Ⅱ段#3柜	1.2
#1期脱硫10kV段HA4	#1期脱硫10kV段HA4	1.2
#1期脱硫10kV段HA5	#1期脱硫10kV段HA5	1.2
#1期脱硫10kV段HA6	#1期脱硫10kV段HA6	1.2
#1期脱硫10kV段HA7	#1期脱硫10kV段HA7	1.2
#1期脱硫10kV段HA8	#1期脱硫10kV段HA8	1.2
#1期脱硫10kV段HA5	#1期脱硫10kV段HA5	1.2
#1期脱硫10kV段HA6	#1期脱硫10kV段HA6	1.2
#1期脱硫10kV段HA7	#1期脱硫10kV段HA7	1.2
#1期脱硫10kV段HA8	#1期脱硫10kV段HA8	1.2

图 10.2-1　导入设备配置表

上图中第一列为图纸中设备名称，第二列为电缆清册中电缆连接设备的名称，第三列为电缆余量。

导入步骤如下：

（1）点击"A-4 ID 管理器"命令，软件会打开如图 10.2-2 所示的"ID 管理器"对话框，点击命令："管理｜协同设计管理器"来提取图纸中的设备信息。

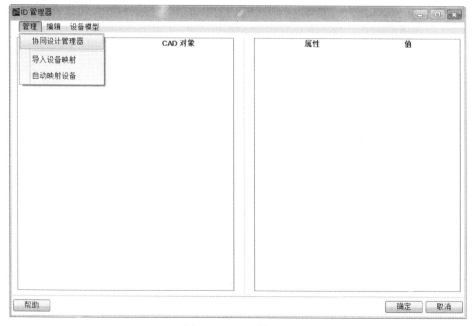

图 10.2-2　ID 管理器

（2）右键点击"全部选中"，选中"请求锁定"，点击"确定"命令。如图 10.2-3 所示对话框。

图 10.2-3　协同设计管理器

（3）软件会提取图纸上的设备信息在"协同设计管理器"对话框中，图纸上的设备在放置时，如果给予设备 ID，则会显示黄色字样的设备 ID，未导入设备配置表时，可看到"ID 管理器"中设备名称为未映射状态。如图 10.2-4 所示。

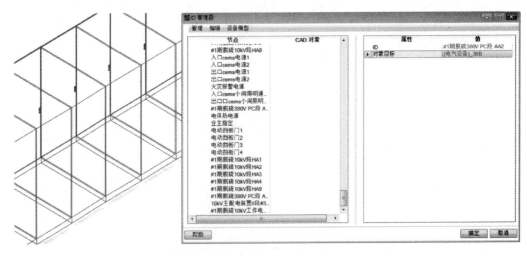

图 10.2-4　显示设备未映射状态

（4）点击命令"管理-导入设备映射"命令导入设备配置表。如图 10.2-5 所示。

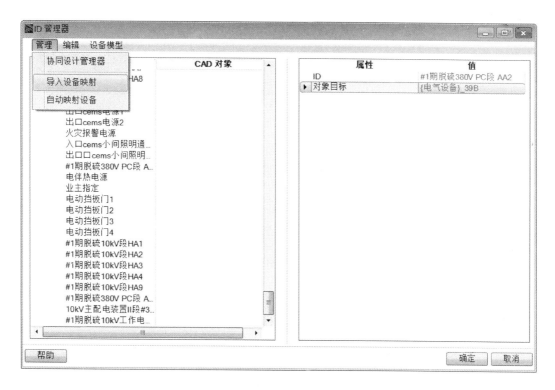

图 10.2-5 导入设备映射

点击命令后，软件弹出如图 10.2-6 所示的"导入设备配置"对话框，选择设备配置表及模板进行导入。

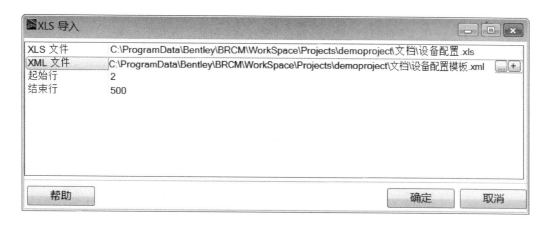

图 10.2-6 导入设备配置

点击"确定"后，软件弹出如图 10.2-7 所示的"检查差异"对话框，软件会将设备配置表中的设备名称与图纸上已有的设备名称进行比对，来确认设备是否增减。

点击"全部选中"，点击"接受"，点击"更新"后，导入设备配置表。如图 10.2-8 所示。

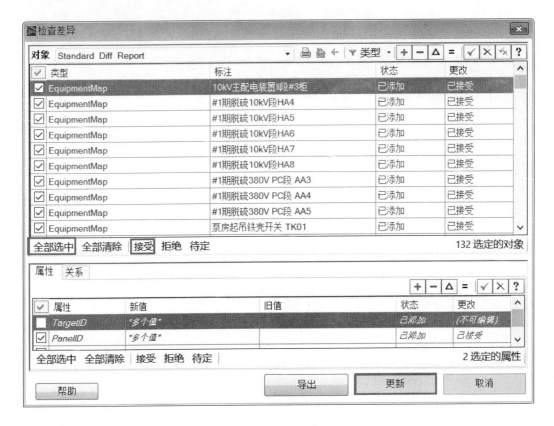

图 10.2-7 检查差异

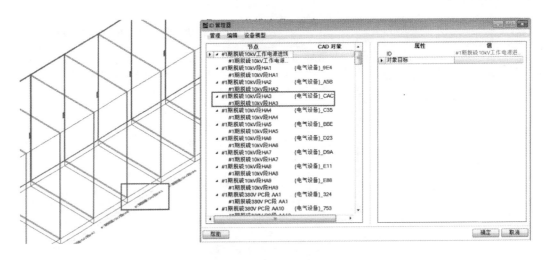

图 10.2-8 导入设备配置表

如果在放置设备的时候，给予了设备 ID，并且设备 ID 与电缆清册中的设备名称一致，则设备 ID 下面会显示紫色的一行字，表示在导入电缆清册时，设备 ID 与电缆清册设备名称直接匹配。

10.3　关联设备

ZY10.3-1

设备关联设置

如果放置设备的时候，未给予设备 ID，则需手动关联设备，将电缆清册中电缆连接的设备名称与图纸中的设备进行关联。

如图 10.3-1 所示，放置设备的时候未指定设备 ID。

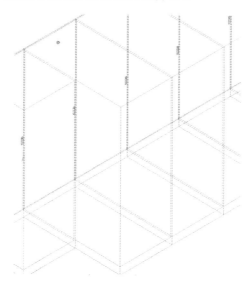

图 10.3-1　未指定设备 ID

点击"A-4 ID 管理器"命令，软件会打开如图 10.3-2 所示的"ID 管理器"对话框。未关联的设备对应的"CAD 对象"列为空白。如图 10.3-2 所示。

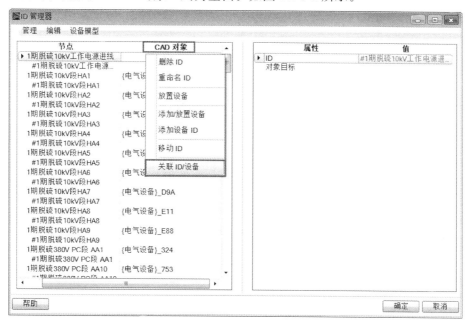

图 10.3-2　ID 管理器

右键点击"关联 ID/设备"命令，鼠标左键点击需要关联的设备。关联后，"CAD 对象"列提示已关联。如图 10.3-3 所示。

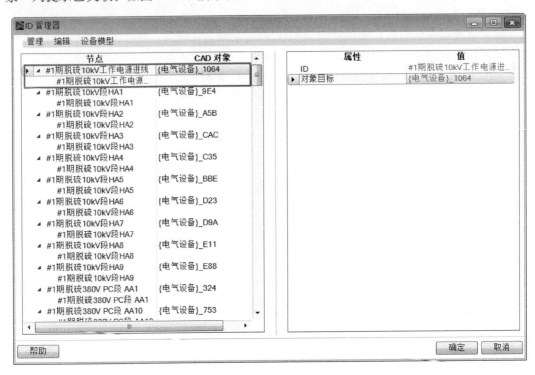

图 10.3-3 设备已关联

点击"确定"命令后，查看图纸，会显示关联信息。如图 10.3-4 所示。

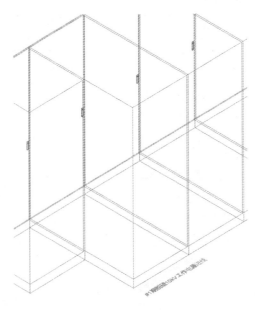

图 10.3-4 设备关联

10.4 添加/放置设备

有些设备在布置的时候，有可能未放置，导入电缆清册后，可添加或放置设备。

点击"A-4 ID管理器"命令，软件会打开如图10.4-1所示的"ID管理器"对话框。未放置的设备，如图10.4-1所示。

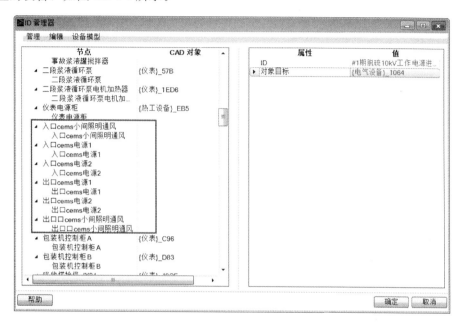

图10.4-1　ID管理器

选中要放置的设备，右键点击"放置设备"命令。如图10.4-2所示。

图10.4-2　放置设备

点击"确定"命令后，软件弹出如图 10.4-3 所示的"设备管理器"对话框，选中需要放置的设备类型，修改设备属性，点击确定后，运用精确绘图命令来放置设备到图纸上。

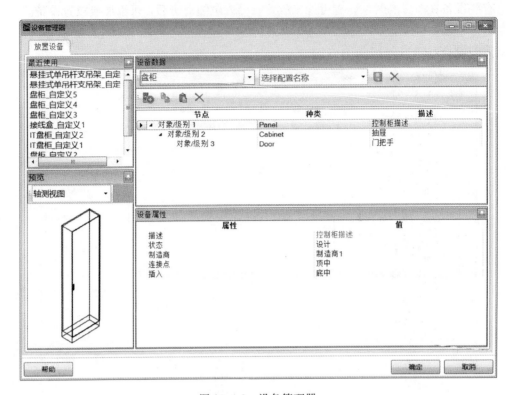

图 10.4-3　设备管理器

放置后如图 10.4-4 所示。

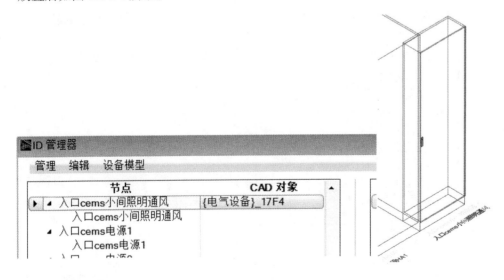

图 10.4-4　放置设备

10.5 电缆敷设

电缆敷设模块可以规划电缆的敷设路径，最终生成带电缆长度的电缆清册，并剖切桥架截面，查看电缆的布置、大小、桥架容积率，从而指导施工。

电缆敷设

进行电缆敷设的必要条件，如本章一开始所述，必须满足以下几点：

（1）已绘制好电缆通道，并且电缆通道是通的，桥架 ID 已设置好，桥架 ID 在统计电缆敷设路径时有用；

（2）已正确导入电缆清册；

（3）已正确放置好设备，并且图纸中的设备和电缆清册中的设备已匹配好；

（4）如果设备到桥架不是通过埋管链接的，则设备已找到桥架入口点。

电缆敷设所要用到的命令为："A-5 电缆管理器"。

电缆敷设的操作步骤如下：

（1）新建图纸-电缆敷设。如图 10.5-1 所示。

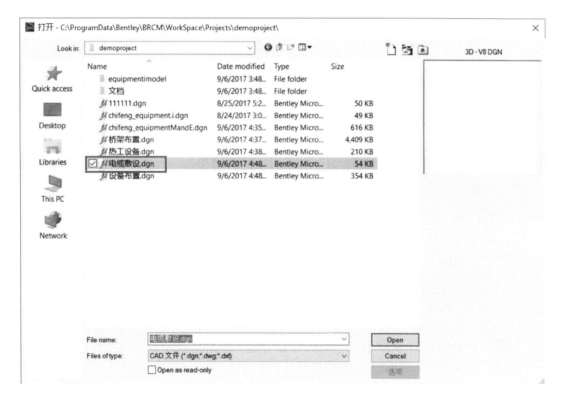

图 10.5-1 新建图纸

（2）点击"A-5 电缆管理器"，软件弹出如图 10.5-2 所示对话框。选择图纸类型为"敷设模型"。

（3）在弹出如图 10.5-3 所示的"电缆管理器"对话框中，点击菜单命令下"管理"

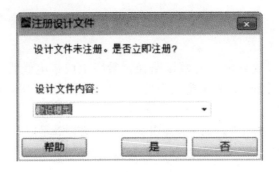

图 10.5-2　注册设计文件

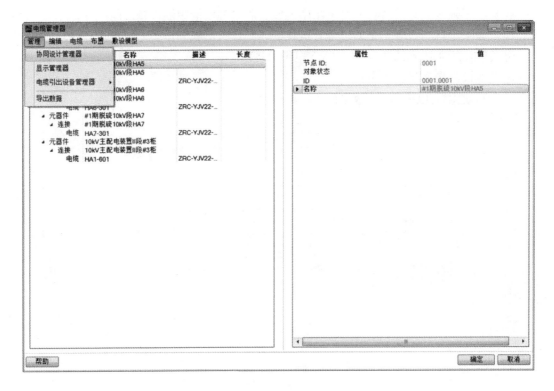

图 10.5-3　电缆管理器

中的"协同设计管理器"来提取电缆信息。

　　在弹出的如图 10.5-4 所示的"协同设计管理器"对话框中，点击鼠标右键，选中"全部选中"，点击"请求锁定"。可提取所有电缆信息。如图 10.5-5 所示。

　　（4）点击鼠标右键，点击"全部选中"，点击鼠标右键，点击"自动连接"。如图 10.5-6 所示。软件自动生成拓扑图，关联电缆的来向、去向连接，并且生成长度信息。这并不是实际的电缆走向以及长度，只是标明电缆的来向和去向设备连接好了。如图 10.5-7 所示。

　　鼠标点中某一电缆，例如"HA5-301"，点击鼠标右键，点击"可视化"可查看电缆的连接信息。如图 10.5-8 所示。

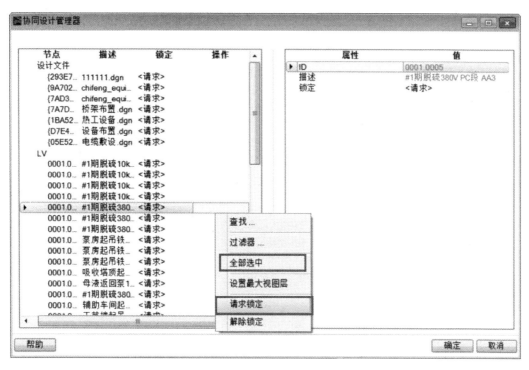

图 10.5-4　协同设计管理器

图 10.5-5　电缆管理器

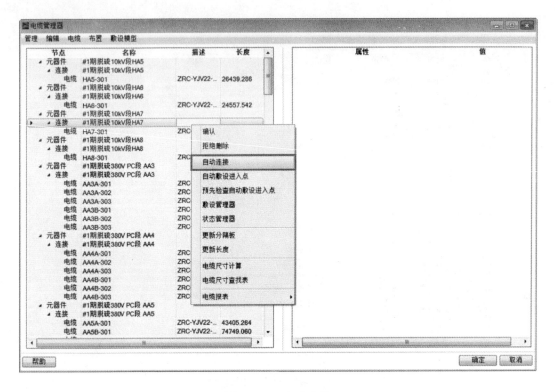

图 10.5-6　自动连接

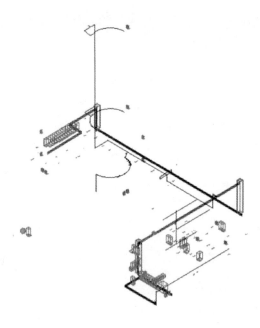

图 10.5-7　拓扑图

图 10.5-8 可视化电缆连接信息

"可视化"查看的结果如图 10.5-9 所示，电缆没有入任何电缆通道，只标明来向设备和去向设备。

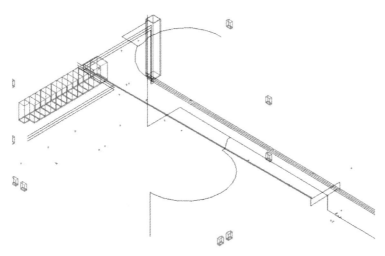

图 10.5-9 预览

（5）点击鼠标右键，点击"自动敷设进入点"可设置设备到桥架入口点的最大距离以及上桥架的桥架段数。如图 10.5-10 所示。

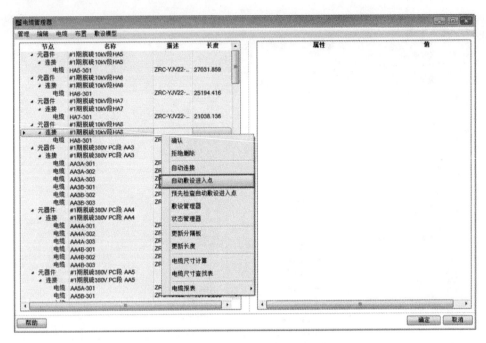

图 10.5-10　设置自动敷设进入点

最大距离"5000"表示设备到桥架的距离只要在 5000（单位为 mm，单位根据图纸的单位设定，如果图纸单位为 m，则最大距离输入"5"）以内，则认为电缆可通过设备连接到桥架，如果设备到桥架是通过埋管连接，则此距离不起作用，软件自动识别通过埋管来连接设备与桥架。

点中某一设备，点击鼠标右键，点击"可视化"。如图 10.5-11 所示。

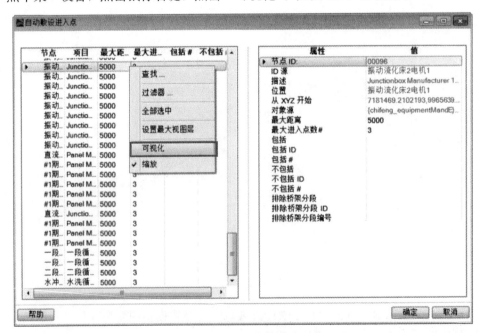

图 10.5-11　可视化敷设进入点

软件通过球体来体现最大距离设置是否满足要求，紫色代表设置的最大距离范围内，设备可找到桥架入口点进行敷设。如图 10.5-12 所示。

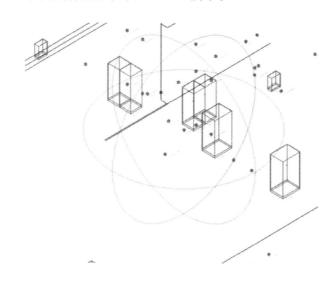

图 10.5-12　可视化敷设入口点

（6）点击鼠标右键，点击"敷设管理器"，软件弹出如图 10.5-13 所示对话框：

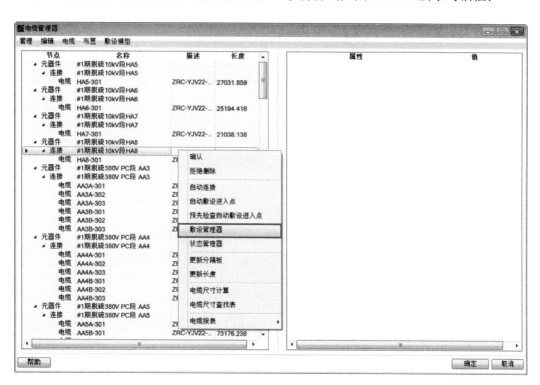

图 10.5-13　电缆管理器

在弹出的如图 10.5-14 所示的"敷设管理器"对话框中，点击鼠标右键，点击"全部选中",点击"自动敷设",软件开始自动敷设。

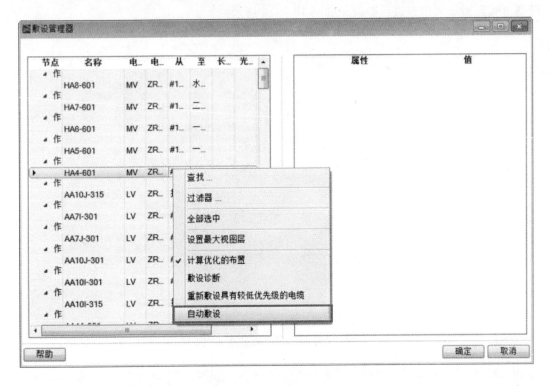

图 10.5-14   敷设管理器

敷设完后,软件会提示如图 10.5-15 所示的敷设结果。

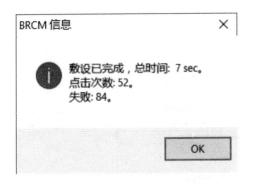

图 10.5-15   敷设结果

(7) 敷设完成后,会提示"成功",否则会在信息处提示"失败原因"。如图 10.5-16 所示。

(8) 回到"电缆管理器"界面,敷设成功的电缆会显示"AutoRoute",显示敷设路径,鼠标右键点击"可视化",可查看敷设后的电缆路径。如图 10.5-17 所示。

(9) 敷设成功后的结果如图 10.5-18 所示。

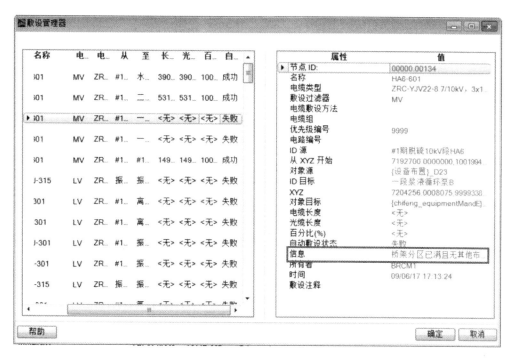

图 10.5-16 错误提示信息

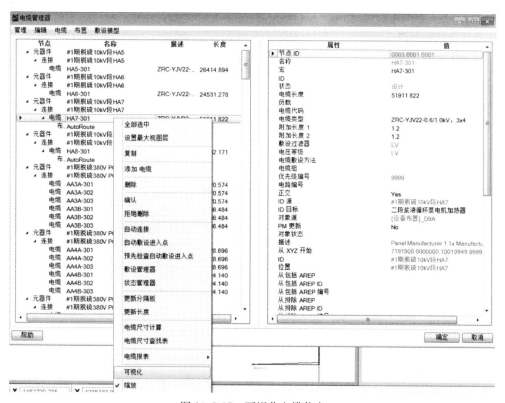

图 10.5-17 可视化电缆信息

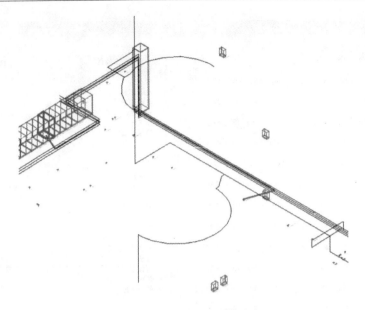

图 10.5-18 敷设后的电缆走向

11 成 果 输 出

完成电缆敷设后，可根据需要输出相应的报表。例如采购清单、带敷设路径和电缆长度的电缆清册等。还可剖切敷设后的三维电缆通道，提取敷设的电缆信息。

11.1 统计报表

本节所要用到的命令为"S-1 输出管理器"。如图 11.1-1 所示。

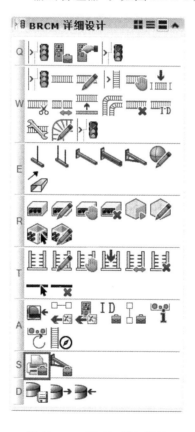

图 11.1-1　BRCM 详细设计

注：统计材料前，必须点击"D-1 更新 BRCM 数据库"将图纸信息更新到数据库中，方可根据数据库信息提取报表信息。

点击"S-1 输出管理器"，打开"输出管理器"对话框，输出报表。如图 11.1-2 所示。

【工程练习一】生成采购清单

选中"详设阶段_材料统计表_类型Ⅰ"模板，点击"选择资源"，选择生成整个工程的材料报表、某张图纸或者某些图纸的材料报表。

ZY11.1-1

统计报表

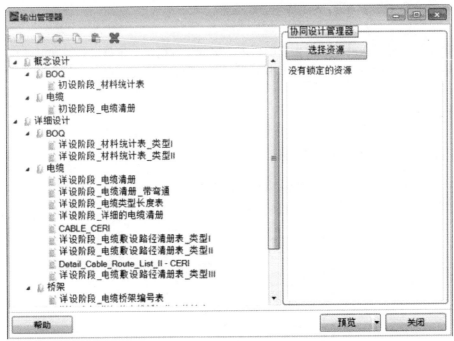

图 11.1-2　输出管理器（1）

在弹出的"协同设计管理器"对话框，鼠标右键点击"全部选中"，点击"请求锁定"生成整个项目的材料报表。如图 11.1-3 所示。

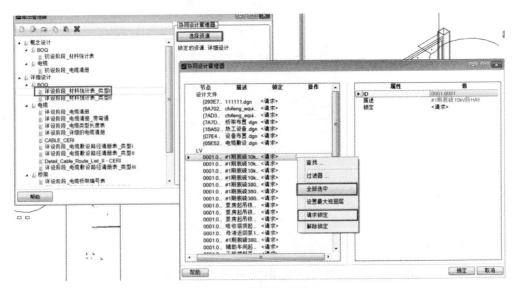

图 11.1-3　输出管理器（2）

点击“确定”命令后，可预览报表信息，也可导出到 Excel 文件中。如图 11.1-4 所示。

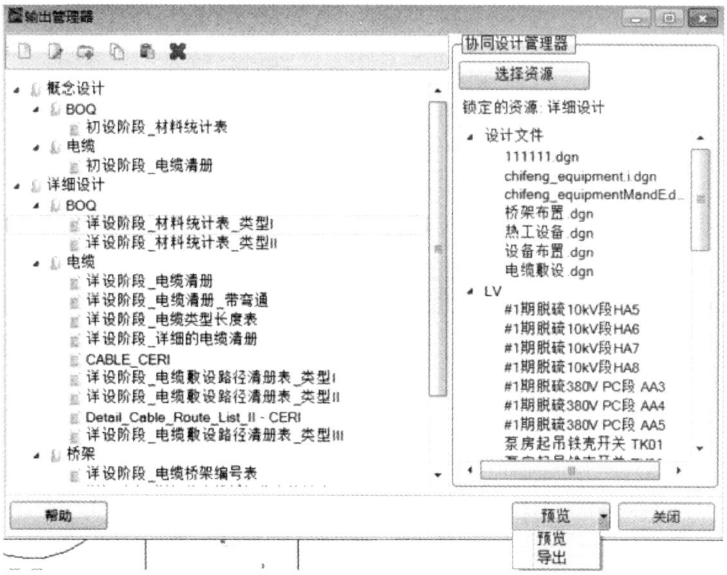

图 11.1-4 输出管理器（3）

预览结果如图 11.1-5 所示，软件提取出了工程中所用到的桥架的直通的长度以及节数（示例中以 3m 为一段，统计出了总共节数），弯通、三通、四通等接头的数量，盘柜等设备的数量、规格等参数信息。

采购清单（详细设计） 09/06/2017 18:17

序号	名称	厂家	描述	产品型号	数量CAD	数量	材料	封皮类型	单位
1	RW	Generic	Cable Ladder Square Width:400mm; Height:150mm Hinge			46			pcs
2	RW	Generic	Cable Ladder Square Width:600mm; Height:150mm 直通3米		250594.51	84			pcs
3	RW	Generic	Cable Ladder Square Width:600mm; Height:150mm 三通			4			pcs
4	RW	Generic	Cable Ladder Square Width:400mm; Height:150mm 直通3米		93410.62	32			pcs
5	RW	Generic	Cable Ladder Square Width:400mm Height:150mm Horizontal Bend 90 deg			4			pcs
6	RW	Generic	Cable Tray Square Width:200mm; Height:100mm 连接片			14			pcs
7	RW	Generic	Cable Tray Square Width:200mm; Height:100mm 直通3米		88893.64	30			pcs
8	RW	Generic	Cable Tray Square Width:200mm Height:100mm Horizontal Bend 90 deg			5			pcs
9	RW	Generic	Cable Tray Square Width:200mm Height:100mm Horizontal Bend 4 deg			2			pcs
10	RW	Generic	Cable Tray Square Width:200mm Height:100mm Horizontal Bend 10 deg			3			pcs

图 11.1-5 采购清单

【工程练习二】生成电缆清册

选中"详设阶段_电缆敷设路径清册表_类型Ⅱ"模板，点击"选择资源"，来选择生成整个工程的材料报表、某张图纸或者某些图纸的材料报表。

在弹出的"协同设计管理器"对话框，鼠标右键点击"全部选中"，点击"请求锁定"生成整个项目的电缆清册。如图 11.1-6 所示。

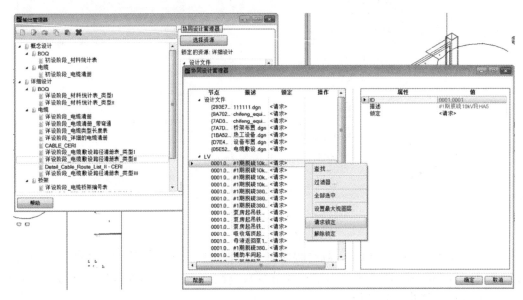

图 11.1-6　输出管理器

点击"确定"命令后，可预览报表信息，也可导出到 Excel 文件中。生成结果如图 11.1-7 所示。

电缆编号	电缆类型	来向设备 名称	去向设备 名称	长度	
ZL-201	NH-YJV22-0.6/1.0kV，2x6	直流系统馈线屏	#1期脱硫10kV段HA1	132431.448000	气隙，<No ID>,气隙，<No ID>,ID,TR-ABC-1234-R3,<No ID>,气隙
ZL-202	NH-YJV22-0.6/1.0kV，2x6	直流系统馈线屏	#1期脱硫10kV段HA2	135876.191000	气隙，<No ID>,气隙，<No ID>,ID,TR-ABC-1234-R3,<No ID>,气隙
ZL-203	NH-YJV22-0.6/1.0kV，2x6	直流系统馈线屏	#1期脱硫10kV段HA3	138376.191000	气隙，<No ID>,气隙，<No ID>,ID,TR-ABC-1234-R1,<No ID>,气隙
ZL-204	NH-YJV22-0.6/1.0kV，2x6	直流系统馈线屏	#1期脱硫10kV段HA4	137576.191000	气隙，<No ID>,气隙，<No ID>,ID,TR-ABC-1234-R3,<No ID>,气隙
ZL-205	NH-YJV22-0.6/1.0kV，2x6	直流系统馈线屏	#1期脱硫10kV段HA5	136976.191000	气隙，<No ID>,气隙，<No ID>,ID,TR-ABC-1234-R2,<No ID>,气隙
ZL-206	NH-YJV22-0.6/1.0kV，2x6	直流系统馈线屏	#1期脱硫10kV段HA6	139176.191000	气隙，<No ID>,气隙，<No ID>,ID,TR-ABC-1234-R3,<No ID>,气隙
ZL-207	NH-YJV22-0.6/1.0kV，2x6	直流系统馈线屏	#1期脱硫10kV段HA7	139976.191000	气隙，<No ID>,气隙，<No ID>,ID,TR-ABC-1234-R3,<No ID>,气隙
ZL-208	NH-YJV22-0.6/1.0kV，2x6	直流系统馈线屏	#1期脱硫10kV段HA8	140776.191000	气隙，<No ID>,气隙，<No ID>,ID,TR-ABC-1234-R3,<No ID>,气隙
ZL-209	NH-YJV22-0.6/1.0kV，2x6	直流系统馈线屏	#1期脱硫10kV段HA9	141576.191000	气隙，<No ID>,气隙，<No ID>,ID,TR-ABC-1234-R3,<No ID>,气隙

图 11.1-7　生成报表

【工程练习三】 生成敷设结果

选中"详设阶段_电缆敷设路径清册表_类型Ⅲ"模板，点击"预览"可查看敷设结果。敷设失败的电缆，软件列出了原因，可根据报告中的显示修改工程中对应的地方，以满足最终敷设要求。如图 11.1-8 所示。

Record #	Cable ID	Cable type	Routing filter	Voltage Level	Source ID	Source location	Target ID	Target Location	Autorouting Status	Optimized Route (%)	Reason for autorouting failure	Reason for not using shortest route
	Routing notes		Design status		Routed By	Routing time						
1	HA5-301	ZRC-YJV22-0.6/1.0kV、3x4	LV	LV	#1期脱硫10kV段脱V段HA5	一段浆液循环泵A电机加热器		一段浆液循环泵A电机加热器	失败	<无>	桥架分区已满且无其他布置可用，请考虑更改桥架尺寸或添加其他桥架以容纳此段电缆	
	设计				BRCM1	09-06-17 17:13:30						
2	HA6-301	ZRC-YJV22-0.6/1.0kV、3x4	LV	LV	#1期脱硫10kV段脱V段HA6	一段浆液循环泵A电机加热器		一段浆液循环泵A电机加热器	失败	<无>	桥架分区已满且无其他布置可用，请考虑更改桥架尺寸或添加其他桥架以容纳此段电缆	
	设计				BRCM1	09-06-17 17:13:30						
3	HA7-301	ZRC-YJV22-0.6/1.0kV、3x4	LV	LV	#1期脱硫10kV段脱V段HA7	二段浆液循环泵电机加热器		二段浆液循环泵电机加热器	成功	100.00		
	设计				BRCM1	09-06-17 17:13:30						
4	HA8-301	ZRC-YJV22-0.6/1.0kV、3x4	LV	LV	#1期脱硫10kV段脱V段HA8	水冲洗循环泵电机加热器		水冲洗循环泵电机加热器	成功	100.00		
	设计				BRCM1	09-06-17 17:13:30						
5	AA3A-301	ZRC-YJV22-0.6/1.0kV、3x95	LV	LV	#1期脱硫380V PC段AA3	流缩循环系液泵A		流缩循环系液泵A	失败	<无>	无自动敷设进入点<目标>，请检查设定无自动敷设进入点和退出点，并手动选择桥架进入点和退出点	
	设计				BRCM1	09-06-17 17:13:25						
6	AA3A-302	ZRC-YJV22-0.6/1.0kV、3x95	LV	LV	#1期脱硫380V PC段AA3	流缩循环系液泵A		流缩循环系液泵A	失败	<无>	无自动敷设进入点<目标>，请检查设定无自动敷设进入点和退出点，并手动选择桥架进入点和退出点	
	设计				BRCM1	09-06-17 17:13:25						

图 11.1-8　敷设失败原因列表

11.2　提取桥架、电缆信息

电缆敷设后，可剖切某段桥架截面，提取桥架中包含电缆的信息，包括电缆排布方式、电缆编号等，也可自动标注桥架的参数。

本节用到的命令为任务栏中"BRCM 二维提取"。如图 11.2-1 所示。

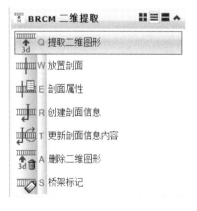

图 11.2-1　提取二维图形

操作步骤如下：

（1）"新建图纸"中"提取二维图形"。如图 11.2-2 所示。

（2）参考之前绘制好的"桥架布置"图纸。如图 11.2-3 所示。

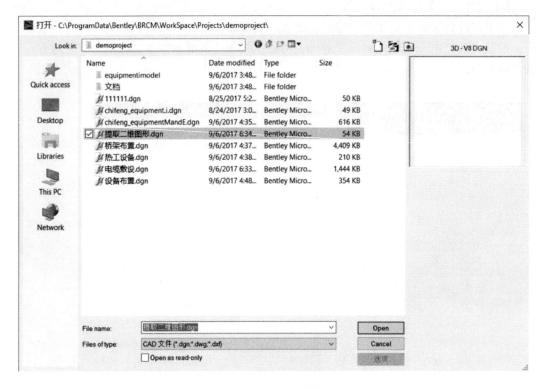

图 11.2-2 新建图纸

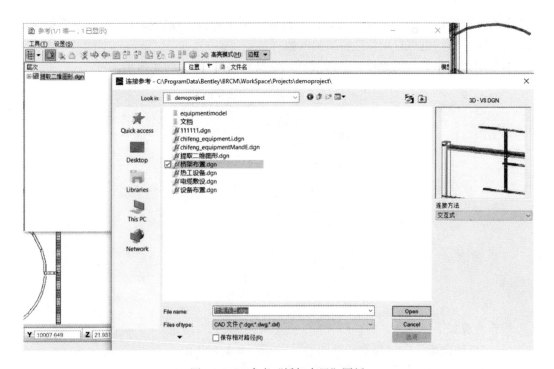

图 11.2-3 参考"桥架布置"图纸

参考后的图纸如图 11.2-4 所示。

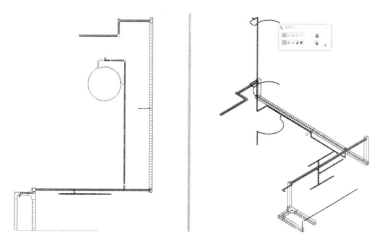

图 11.2-4 参考后的图纸

（3）点击工具栏中"文件区块"，右键点击"模型"，设置模型属性。如图 11.2-5 所示。

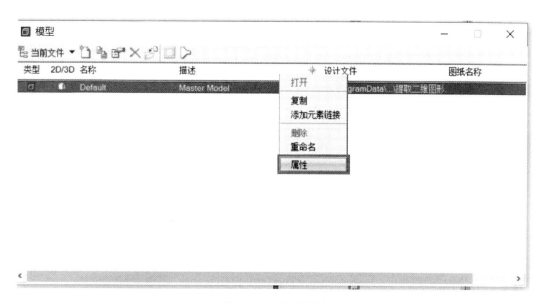

图 11.2-5 修改属性

设置图纸比例为"1：50"。如图 11.2-6 所示。

（4）框选所有桥架，点击任务栏中"BRCM 二维提取"下的"Q 提取二维图形"命令，选择图纸类型为"提取二维图形"。如图 11.2-7 所示。

点击"是"后，软件自动生成二维投影。如图 11.2-8 所示。

（5）点击"W-放置剖面"命令，放置剖切面到指定桥架上，可设置剖切面的大小，如图 11.2-9 所示。

也可切换到前视图上，拖拽改变剖切范围。如图 11.2-10 所示。

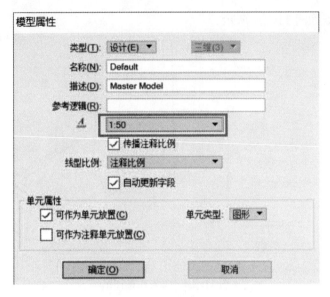

图 11.2-6　设置图纸比例

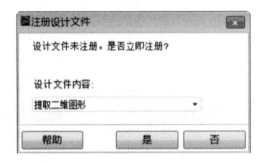

图 11.2-7　注册文件

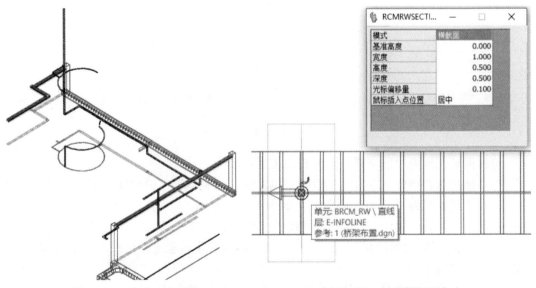

图 11.2-8　生成二维投影　　　　　　　　　图 11.2-9　设置剖切面大小

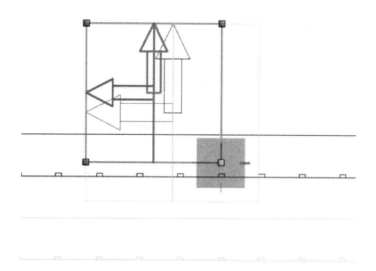

图 11.2-10 改变剖切范围

并回到顶视图上移动剖切面的位置。如图 11.2-11 所示。

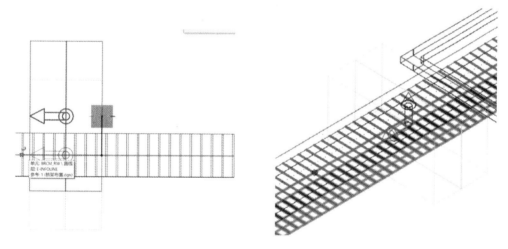

图 11.2-11 移动剖切面位置

（6）点击"R-创建剖面信息"命令，点击剖切面，在弹出的"剖面信息属性"框中选中需要放置的模板。如图 11.2-12 所示。

点击"确定"命令后放置剖面信息到图纸上。例如选择"Cable Viz and Graphics（Cbl _ Viz _ Graphic. xml）"模板，放置电缆的排布方式于图纸上。如图 11.2-13 所示。

放置的时候，可以选择角度以及鼠标插入点的位置。如图 11.2-14 所示。

选择"详细的电缆信息表（CableInfoDetailed. xml）"模板，生成详细的电缆信息到图纸上。如图 11.2-15 所示。

选择"断面桥架上详细的电缆信息统计表（CableInfo. xml）"模板，生成桥架填充信息以及桥架中包含的电缆信息统计表。如图 11.2-16 所示。

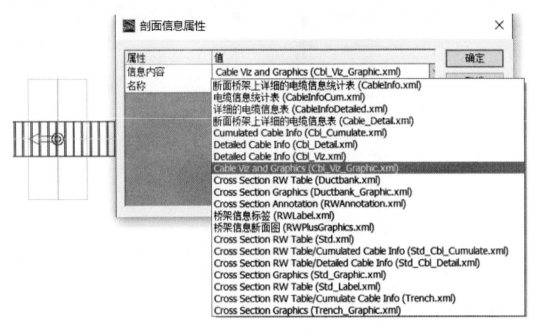

图 11.2-12 选择模板

图 11.2-13 显示
排放顺序

图 11.2-14 选择角度和
鼠标插入点位置

截面 1				
#	Cable No	Cable Type	Size	Weight
1	1N12	ZR-KVVP-3X1.0	8	5
2	1N8	ZRC-KVVP2-4X2.5	15	5
3	1N13	ZRC-KVVP2-4X2.5	15	5
3	1N41	ZR-KVVP-3X1.0	8	5
3	1N6-01B	ZRC-KVVP2-4X1.5	15	5
3	1N9-10	ZRC-KVVP2-4X2.5	15	5
3	1N9-13	ZRC-KVVP2-4X2.5	15	5

图 11.2-15 生成电缆信息

截面 1				
RW ID	RW Category	RW fill %	Size	Elev
M2-11	MV	1%	W:400mm; H:100mm	9.150m
L1-5	LV	1%	W:400mm; H:100mm	9.400m
CL3-11	CTRL	3%	W:400mm; H:100mm	8.900m

截面 1						
#	RW ID	RW Category	Cbl #	Cbl Type	Cbl Size	Cbl Wgt
1	M2-11	MV	1N12	ZR-KVVP-3X1.0	8	5
2	L1-5	LV	1N8	ZRC-KVVP2-4X2.5	15	5
3	CL3-11	CTRL	1N13	ZRC-KVVP2-4X2.5	15	5
3	CL3-11	CTRL	1N41	ZR-KVVP-3X1.0	8	5
3	CL3-11	CTRL	1N6-01B	ZRC-KVVP2-4X1.5	15	5
3	CL3-11	CTRL	1N9-10	ZRC-KVVP2-4X2.5	15	5
3	CL3-11	CTRL	1N9-13	ZRC-KVVP2-4X2.5	15	5

图 11.2-16　生成统计信息

选择"Detailed Cable Info（Cbl _ Viz.xml）"模板，生成桥架包含的电缆编号信息。如图 11.2-17 所示。

截面 1				
RW ID	RW Category	Cbl #	Cbl Type & Size	Qty
M2-11	MV	1N12	ZR-KVVP-3X1.0	1
L1-5	LV	1N8	ZRC-KVVP2-4X1.5	1
CL3-11	CTRL	1N41	ZR-KVVP-3X1.0	1
CL3-11	CTRL	1N6-01B	ZRC-KVVP2-4X1.5	1
CL3-11	CTRL	1N9-10,1N9-13,1N13	ZRC-KVVP2-4X2.5	3

图 11.2-17　生成电缆详细信息

【工程练习】更新剖面内容

切换到前视图，更改剖切面，如图 11.2-18 所示，只剖切 MV 层的桥架。

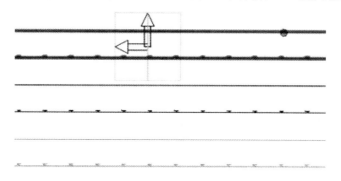

图 11.2-18　更改剖切面

231

点击"T-更新剖面信息内容"命令，点击生成的电缆信息表，在空白地方点左键，完成剖面信息及时更新。如图 11.2-19 所示。

截面 1						
#	RW ID	RW Category	Cbl #	Cbl Type	Cbl Size	Cbl Wgt
1	M2- 11	MV	1N12	ZR-KVVP-3X1.0	8	5
2	L1-5	LV	1N8	ZRC-KVVP2-4X2.5	15	5
3	CL3-11	CTRL	1N13	ZRC-KVVP2-4X2.5	15	5
3	CL3-11	CTRL	1N41	ZR-KVVP-3X1.0	8	5
3	CL3-11	CTRL	1N6-01B	ZRC-KVVP2-4X1.5	15	5
3	CL3-11	CTRL	1N9-10	ZRC-KVVP2-4X2.5	15	5
3	CL3-11	CTRL	1N9-13	ZRC-KVVP2-4X2.5	15	5

(a)

截面 1						
#	RW ID	RW Category	Cbl #	Cbl Type	Cbl Size	Cbl Wgt
2	M2- 11	MV	1N12	ZR-KVVP-3X1.0	8	5

(b)

图 11.2-19　更新剖面信息内容
(a) 更新前；(b) 更新后

11.3　生成二维图纸

利用"动态剖切"命令生成二维图纸，如图 11.3-1 所示。

点击"应用或修改剪切立方体"命令，可选择剖切顶视图、立面图、前视图等方式，用户可选择合适的"绘图种子"，例如：Section _ Metric _ A2，此种子文件可在出图前设置为模板，如图 11.3-2 所示。

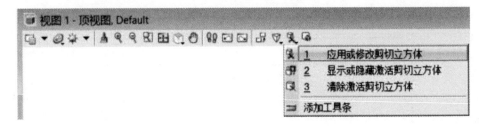

图 11.3-1　动态切图

图 11.3-2　选择剖切视图

选择命令后，可设置剖切的深度，如图 11.3-3 所示。

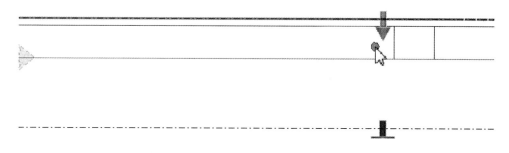

图 11.3-3　设置深度

通过拉伸、缩小边界范围来定义剖切的范围，如图 11.3-4 所示。

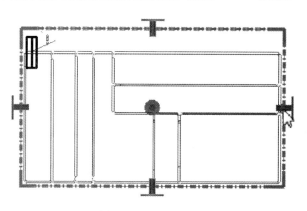

图 11.3-4　设置范围

鼠标右键点击切图范围边界的紫色线，点击"创建绘图"命令生成二维图纸，如图 11.3-5 所示。

点击"创建绘图"命令后，软件弹出如图 11.3-6 所示对话框。

可修改名称为实际图纸名称，勾选"创建绘图模型"以及"创建图纸模型"，可同时生成视图和图纸，如图 11.3-7 所示。

剖切后的图纸，用户可利用 MicroStation 尺寸标注命令以及注释标注命令进行标注。

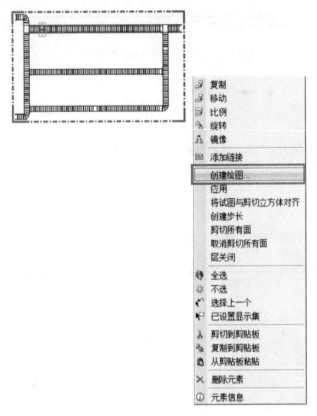

图 11.3-5 创建绘图（1）

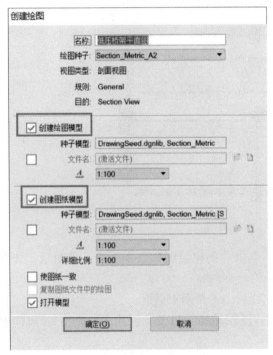

图 11.3-6 创建绘图（2）

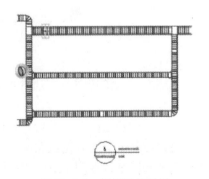

图 11.3-7 剖切后的图纸

11.4 生成电缆三维实体

ZY11.4-1
生成电缆三维实体

电缆敷设后，可生成电缆三维实体。

操作步骤如下：

（1）"新建图纸"-"三维电缆实体化.dgn"。如图 11.4-1 所示。

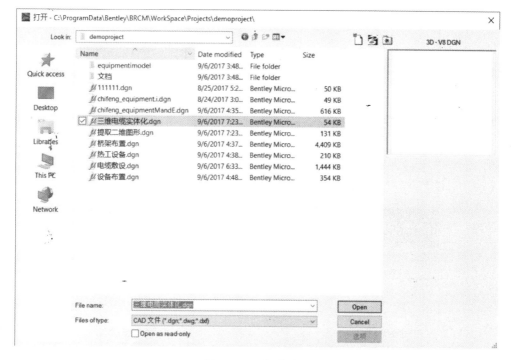

图 11.4-1　新建图纸

（2）点击任务栏中"BRCM 详细设计"下的"A-5 电缆管理器"命令，设置图纸类型为"其他"。如图 11.4-2 所示。

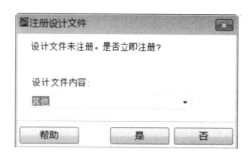

图 11.4-2　注册设计文件

（3）在"电缆管理器"界面中，利用 Ctrl 键多选敷设成功的电缆，右键点击"Create 3D Cable"命令，生成三维实体电缆。如图 11.4-3 所示。

生成结果如图 11.4-4 所示。

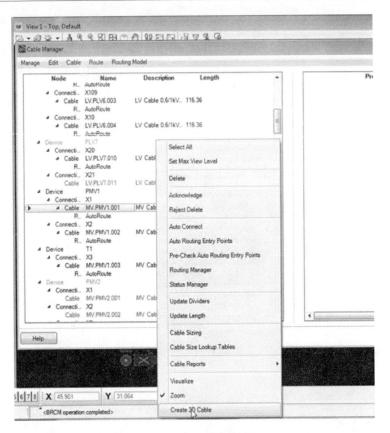

图 11.4-3 电缆管理器

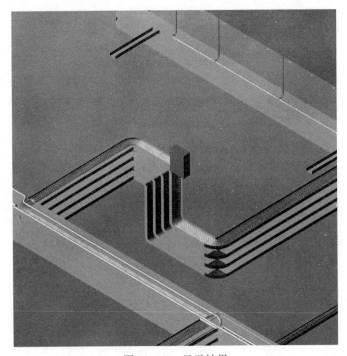

图 11.4-4 显示结果

12　BRCM 设置

12.1　定制桥架

工程设计时，BRCM 自带的桥架库不一定能满足设计需求，故需要定制桥架样式。已有的桥架样式存储于默认路径为"C:\ProgramData\Bentley\BRCM\WorkSpace\Projects\Datasets\metric\std_dataset\raceway"，在此文件夹下有三种类型的文件：

"LIB_RACEWAY.xml"：定义了整个桥架系统中的参数；

"CAT_XXX.xml"：定义了每一种桥架样式的参数；

"DNA_XXX.xml"：定义了每一种部件的参数。

此三种类型的文件均可利用记事本进行编辑。

（1）LIB_RACEWAY.xml

如图 12.1-1 所示。

```
<Systems>
 <System>
  <Name>Cable Tray</Name>
  <Properties ID="1" GUID="{25252718-042D-4115-B0EB-871D342FFA79}" RacewayClas
  <Context ID="RaceWay" />
  <Catalogs>
   <Catalog ID="20">
     <Name>Cable Tray Generic</Name>
     <Catalog>CAT_Generic_Cable_Tray.xml</Catalog>
     <Properties ID="1" Unit="mm" Visible="1" />
     <Context ID="RaceWay" />
   </Catalog>
   <Catalog ID="21">
     <Name>Cable Tray Generic square</Name>
     <Catalog>CAT_Generic_Cable_Tray_square.xml</Catalog>
     <Properties ID="2" Unit="mm" Visible="1" />
     <Context ID="RaceWay" />
   </Catalog>
```

图 12.1-1　桥架系统结构

LIB_RACEWAY 文件中定义了所有桥架系统以及每个桥架系统中桥架样式的类型。如图 12.1-2 所示。

在布置桥架时，会选择"桥架类型"以及"桥架样式"，"LIB_RACEWAY"中的"System"对应的就是"桥架类型"，"Catalog"中对应的为"桥架样式"，每一个桥架样式，对应一个"CAT_XXX.xml"文件。

（2）CAT_XXX.xml

每一个桥架样式对应的 CAT_XXX.xml 文件包括四个。如图 12.1-3 所示。

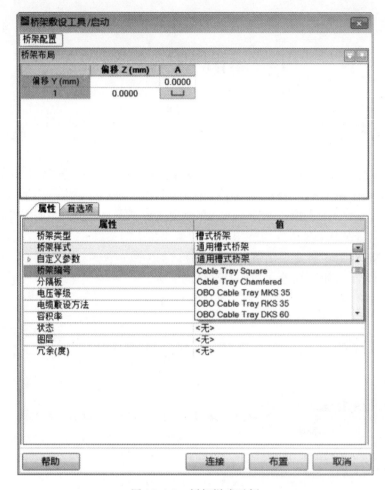

图 12.1-2　桥架样式示例

☐ CAT_Generic_Cable_Ladder_Square.xml
☐ CAT_Generic_Cable_Ladder_Square_Descr_EN.xml
☐ CAT_Generic_Cable_Ladder_Square_PCode_EN.xml
☐ CAT_Generic_Cable_Ladder_Square_Pref_EN.xml

图 12.1-3　桥架样式架构

"CAT_XXX.xml"中定义了桥架样式中包含的直通、弯通、三通等接头的属性；此文件中的"Fitting"为各个部件的参数，每一个"Fitting"对应一个"DNA_XXX.xml"文件。如图 12.1-4 所示。

"CAT_XXX_Descr.xml"中定义了桥架样式中直通、弯通、三通等接头的描述。

"CAT_XXX_PCode.xml"中定义了桥架样式中直通、弯通、三通等接头的规格或型号。

"CAT_XXX_Pref.xml"中定义了桥架样式中直通、弯通、三通等接头的选项属性，对应布置桥架对话框中的首选项。如图 12.1-5 所示。

```xml
<?xml version="1.0" encoding="utf-8"?>
<System xmlns:xi="http://www.w3.org/2001/XInclude">
  <Settings Name="Generic Cable Ladder Square" DrawingPrefix="Generic_Cable_Ladder_Square" optimize_routing="1" />
  <Naming Manufacturer="Generic" DrawingName="Generic_Cable_Ladder_Square_($GW)_($GH)_($FT)_($GA)" PartDescription="Generic C
  <Fittings>
    <Fitting>
      <Settings ID="3" Name="Horizontal Bend - Standard" TAG="BEND" LEFT="1" RIGHT="1" LEFTRIGHT="0" SLOPE="0" VARIABLE="0" V
      <Manual Function="" File="DNA_Generic_Cable_Ladder_Square_Horizontal-Bend.xml" />
      <Properties GUID="{A0107718-68A6-4793-BEE7-B68C715799A5}" />
    </Fitting>
    <Fitting>
      <Settings ID="7" Name="Vertical Bend - Standard" TAG="HINGE" LEFT="1" RIGHT="1" LEFTRIGHT="0" SLOPE="0" VARIABLE="0" VA
      <Geometry BendAngle="90" />
      <Manual Function="HINGE_DOWN" File="DNA_Generic_Cable_Ladder_Square_Vertical-Bend-Outside.xml" />
      <Manual Function="HINGE_UP" File="DNA_Generic_Cable_Ladder_Square_Vertical-Bend-Inside.xml" />
      <Properties GUID="{60116B69-B592-41D9-BDDC-8D70964A7F01}" />
    </Fitting>
    <Fitting>
      <Settings ID="5" Name="Tee" TAG="TEE" LEFT="1" RIGHT="1" LEFTRIGHT="1" SLOPE="0" VARIABLE="0" VANGLE="" RED="" VERTICAL
      <Manual Function="" File="DNA_Generic_Cable_Ladder_Square_Tee.xml" />
      <Properties GUID="{A7D853D2-FBA7-48E8-88A7-53EAA736CF9A}" />
    </Fitting>
    <Fitting>
      <Settings ID="6" Name="Crossover" TAG="CROSSOVER" LEFT="0" RIGHT="0" LEFTRIGHT="0" SLOPE="0" VARIABLE="0" VANGLE="" RED
      <Manual Function="" File="DNA_Generic_Cable_Ladder_Square_Crossover.xml" />
      <Properties GUID="{0BBB07F8-294F-48D6-A7E3-DFD9FBA7BD95}" />
    </Fitting>
    <Fitting>
      <Settings ID="16" Name="Branch" TAG="TEE" LEFT="1" RIGHT="1" LEFTRIGHT="0" SLOPE="0" VARIABLE="0" VANGLE="0" RED="0" VE
      <Manual Function="" File="DNA_Generic_Cable_Ladder_Square_Branch.xml" />
      <Properties GUID="{9F753FF0-43BF-49CF-A936-1FB72176C0F6}" />
    </Fitting>
    <Fitting>
      <Settings ID="17" Name="Expanding Crossover" TAG="CROSSOVER" LEFT="0" RIGHT="0" LEFTRIGHT="0" SLOPE="0" VARIABLE="0" VA
      <Manual Function="" File="DNA_Generic_Cable_Ladder_Square_ExpandingCrossover.xml" />
      <Properties GUID="{FBAFBE16-366D-4416-A3EB-C1B2B0BF3D02}" />
    </Fitting>
```

图 12.1-4 设置

图 12.1-5 首选项对话框

(3) DNA _ XXX. xml

```
DNA_Generic_Cable_Ladder_Square_Branch.xml
DNA_Generic_Cable_Ladder_Square_Crossover.xml
DNA_Generic_Cable_Ladder_Square_ExpandingCrossover.xml
DNA_Generic_Cable_Ladder_Square_Horizontal-Bend.xml
DNA_Generic_Cable_Ladder_Square_Straight.xml
DNA_Generic_Cable_Ladder_Square_Tee.xml
DNA_Generic_Cable_Ladder_Square_Var-Hinge_4.xml
DNA_Generic_Cable_Ladder_Square_Vertical-Bend-Inside.xml
DNA_Generic_Cable_Ladder_Square_Vertical-Bend-Outside.xml
```

每一个部件接头对应一个 "DNA _ XXX. xml" 文件，在此文件中，定义了接头的参数信息。如图 12.1-6 所示。

```xml
DNA_Generic_Cable_Ladder_Square_Tee.xml
1  <?xml version="1.0" encoding="utf-8"?>
2  <Part>
3      <SystemID>($V040)</SystemID>
4      <BlockName>($V041)</BlockName>
5      <IDString>tee</IDString>
6      <PartType>tray</PartType>
7      <PartDescription>($V042)</PartDescription>
8      <ProductCode>($V001)</ProductCode>
9      <DefaultUnit>metric_mm</DefaultUnit>
10     <GeometryDescription>
11         <MaterialThickness>($V002)</MaterialThickness>
12         <TrayHeight>($V003)</TrayHeight>
13         <TrayWidths>
14             <Width>($V031)</Width>
15             <Width>($V032)</Width>
16             <Width>($V031)</Width>
17         </TrayWidths>
18         <BendRadiuses>($V005)</BendRadiuses>
19         <BendAngles>90.0</BendAngles>
20         <CapStyle>($V020)</CapStyle>
21         <Rim>
22             <SegmentCount>2</SegmentCount>
23         </Rim>
24         <Overflows>($V006)</Overflows>
25         <RungDescription>
26             <RungSpace>($V007)</RungSpace>
27             <RungWidth>($V008)</RungWidth>
28             <RungHeight>($V009)</RungHeight>
29             <FirstRungOffset>($V010)</FirstRungOffset>
30         </RungDescription>
31     </GeometryDescription>
32     <InfoLines point1="0,0,0" point2="${($V032)/2+($V005)+($V006)},-${($V031)/2+($V005)+($V006)},0" point3="$
33         <InfoLine width="($V031)" height="($V003)" length="${($V032)/2+($V005)+($V006)}" tilt="0.0" />
34         <InfoLine width="($V032)" height="($V003)" length="${($V031)/2+($V005)+($V006)}" tilt="0.0" />
35         <InfoLine width="($V031)" height="($V003)" length="${($V032)/2+($V005)+($V006)}" tilt="0.0" />
```

图 12.1-6　DNA 文件

定制桥架所要用到的命令为任务栏中 "BRCM 设置" 下的 "T-桥架样式创建" 命令。如图 12.1-7 所示。

图 12.1-7　T-桥架样式创建

操作步骤如下：

（1）点击任务栏中的"BRCM 设置"下的"T-桥架样式创建"命令。如图 12.1-8 所示。

设置文件类型为"三维模型，桥架"或"三维模型，设备 ∗ 桥架"。如图 12.1-9 所示。

图 12.1-8 创建桥架   图 12.1-9 设置文件模式

（2）选择模板桥架类型"梯式桥架"。选择模板桥架样式"CAT ＿ Template ＿ Metric ＿ Cable ＿ Ladder. xml"；形状为"已倒角"；右键菜单修改来增加或者删除电缆规格名称以及宽度、高度等参数。如图 12.1-10 所示。

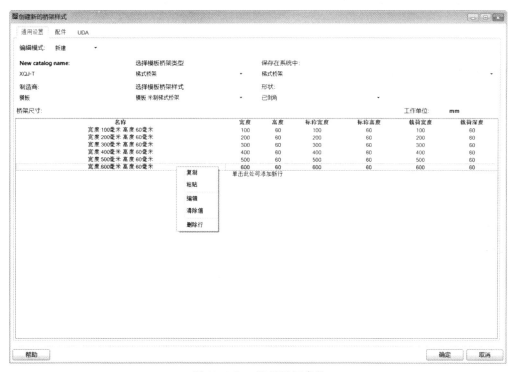

图 12.1-10 设置桥架参数

（3）定义配件。修改参数。在"选择参数"处，可分别选择不同的
配件，根据实际需要来定义参数。例如可定义弯曲半径。如图 12.1-11
所示。

ZY12.1-2

编辑fitting and UDA

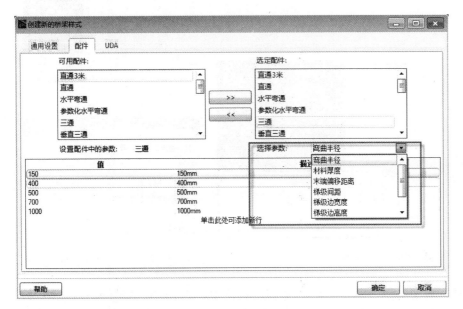

图 12.1-11　设置配件参数

（4）修改"UDA（User Defined Attribute）"：用户可自定义桥架属性。如图 12.1-12
所示。

图 12.1-12　设置 UDA

点击"确定"命令后，在"ProgramData\Bentley\BRCM\WorkSpace\Projects\Datasets\metric\std_dataset\raceway"下生成 Demo 厂家的 XQJ-T 样式的梯式倒角桥架。

（5）编辑"CAT_Demo_Cable_Ladder_XQJ-T.xml"文件，此文件存储于"ProgramData\Bentley\BRCM\WorkSpace\Projects\Datasets\metric\std_dataset\raceway"下，可通过记事本来进行编辑。如图 12.1-13 所示。

```
Fitting>
  <Settings ID="1" Name="直通3米" TAG="STRAIGHT" LEFT="0" RIGHT="0" LEFTRIGHT="0" SLOP
  <Geometry StraightLength="3000" GenOnePart="1" />
  <Manual Function="" File="DNA_Paques_Cable_Ladder_XQJ-T_straight.xml" />
  <Properties GUID="{3B28514B-9248-4A9D-BA9A-0141319DE175}" />
/Fitting>
```

图 12.1-13 对参数进行编辑

其中 GenOnePart＝"1"时，桥架直通为一整段；GenOnePart＝"0"时，直通以 3m 为一段。如图 12.1-14 所示。

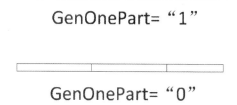

图 12.1-14 桥架是否分段

（6）编辑"DNA_Demo_Cable_Ladder_XQJ-T_bend.xml"文件，更改弯通倒角边数。如图 12.1-15 所示。

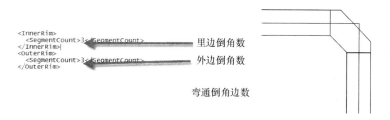

图 12.1-15 更改弯通边数

（7）在报表中生成螺栓、螺母等插接件。如图 12.1-16 所示进行编辑。

编辑"CAT_Demo_Cable_Ladder_XQJ-T_PCode_EN.xml"文件，在图 12.1-14 中，添加如下字段：

＜Accessories＞

＜UDAs＞

＜UDA id＝"AccessoriesInBOQ" value＝"yes"/＞

＜/UDAs＞

＜Accessory Manufacturer＝"Paques" Description＝"Carriage bolt" ExtDescription＝"螺栓" Unit＝"个" Quantity＝"2" QuantMode＝"0" PCode＝"SPW-1/4-CB"/＞

</Accessories>

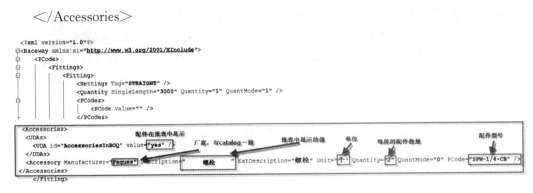

图 12.1-16　加载零部件

生成的报表如图 12.1-17 所示。

序号	名称	厂家	描述	产品型号	数量 CAD	数量 材料	封皮类型	单位
1	RW	Paques	梯式桥架 XQJ-T 宽度:100毫米 高度:150毫米 直通3米		38.65	13		
2	RW	Paques	螺栓	SPW-1/4-CB		24		

图 12.1-17　统计报表

12.2　定制设备

工程设计时，BRCM 自带的设备库不一定能满足设计需求，故需要定制设备模型。已有的设备模型存储默认路径为："ProgramData \ Bentley \ BRCM \ WorkSpace \ Projects \ Datasets \ metric \ std _ dataset \ equipment"。

定制设备所要用到的命令为任务栏中"BRCM 设置"下的"T-创建/修改设备"。如图 12.2-1 所示。

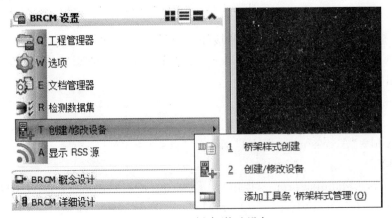

图 12.2-1　T-创建/修改设备

点击任务栏中"BRCM 设置"下的"T-创建/修改设备"命令，软件弹出"设备管理器"对话框，如图 12.2-2 所示。

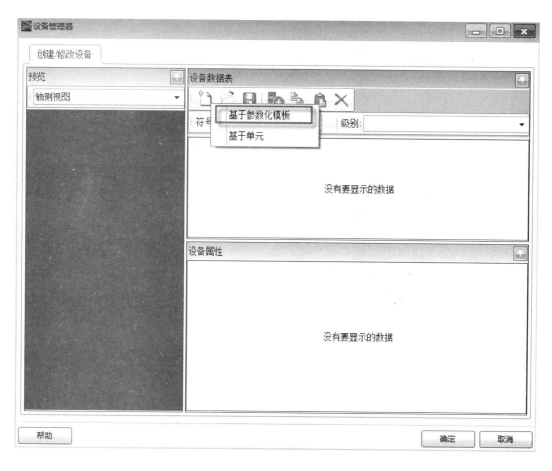

图 12.2-2　设备管理器

新建设备模型，可以基于参数化模板、基于单元两种方式创建设备模型；

打开一个已有设备模型样板进行修改；

保存设备模型；

添加新的构件，例如在创建柜子时，添加门；

拷贝；

粘贴；

删除；

（1）基于参数化模板新建设备

如图 12.2-3 所示。

ZY12.2-1

创建设备基于参数

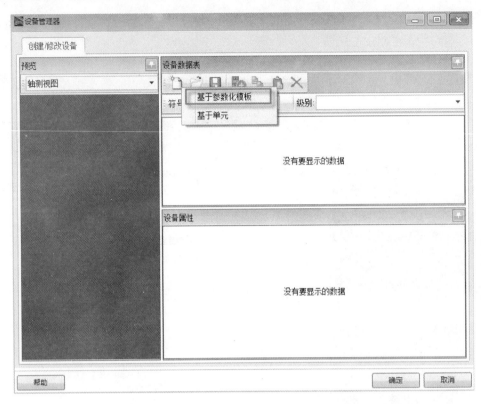

图 12.2-3 基于参数化模板新建设备

【工程练习一】选择"EQP_Panel.xml"作为模板新建设备。如图 12.2-4 所示。

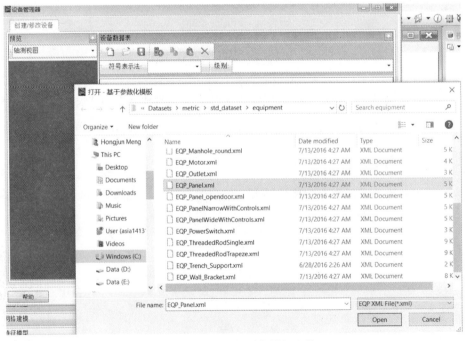

图 12.2-4 选择设备模板文件

1）设备属性框可以添加、删除属性，并可赋予相应的值（属性可以是在 option 中添加所需的属性，例如 "series"。UDA 值输入对应的值）。如图 12.2-5 所示。

图 12.2-5　定义设备属性

2）右键菜单，可添加、复制、删除多面抽屉。如图 12.2-6 所示。

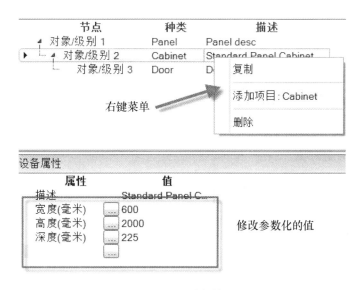

图 12.2-6　编辑抽屉

3）保存文件，格式为 "EQP _ XXX. xml"。

（2）基于参数化模板创建支、吊架

如图 12.2-7 所示。

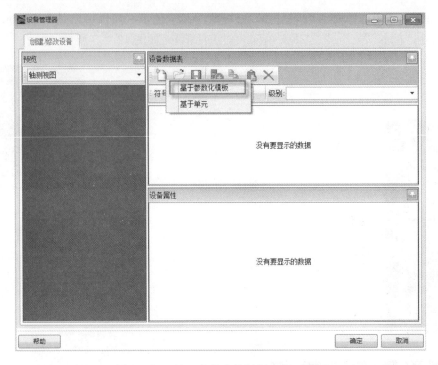

图 12.2-7　基于参数化模板创建支、吊架

【工程练习二】选择"EQP ＿ Hanger ＿ Bracket. xml"作为模板新建支、吊架，选择方式类似于图 12.2-4 所示。

选择模板文件后。如图 12.2-8 所示。右键可添加、复制多个支架，属性框中可更改

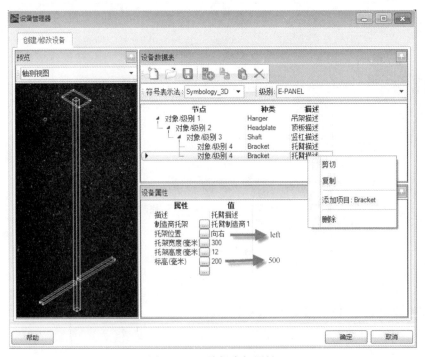

图 12.2-8　编辑支架属性

设备属性。

　　修改后，结果如图 12.2-9 所示。

图 12.2-9　支架样式

ZY12.2-2

创建设备基于单元

（3）基于单元新建设备

　　对于像电机、灯具等不可参数化的设备，可基于此种方式定制设备模型。如图 12.2-10 所示。

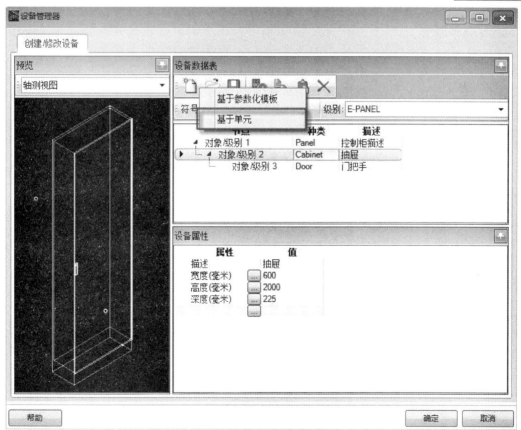

图 12.2-10　基于单元创建设备

注：*此功能模块必须先建立 MicroStation 的单元 Cell。*

1）创建 MicroStation 的单元库来存放单元

点击菜单中"元素 \ 单元"。如图 12.2-11 所示。

在弹出的"新建库"对话框中，新建单元库文件。点击"文件 \ 新建"来新建存放单元的单元库或者"文件 \ 连接"文件来连接已有单元库。如图 12.2-12 所示。

图 12.2-11　选择创建
　　　　　单元命令

图 12.2-12　新建单元库（1）

例如"library. cel"，单元库是用来存放单元的。如图 12.2-13 所示，将单元库"library"存放于桌面上，也可存放在任何位置。

图 12.2-13　新建单元库（2）

2) 创建单元

在视图中绘制模型，包括二维图例以及三维模型，在此不做详细描述。绘制好模型后，定义单元原点。如图 12.2-14 所示。

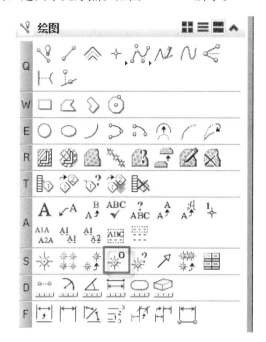

图 12.2-14　选择单元原点

创建二维单元"lamp-2D"。创建三维图例"lamp-3D"。如图 12.2-15 所示。

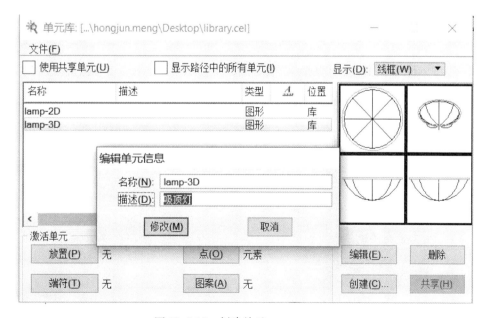

图 12.2-15　创建单元

3）基于 MicroStation 的单元定义设备

如图 12.2-16 所示，点击"新建 \ 基于单元"创建设备。

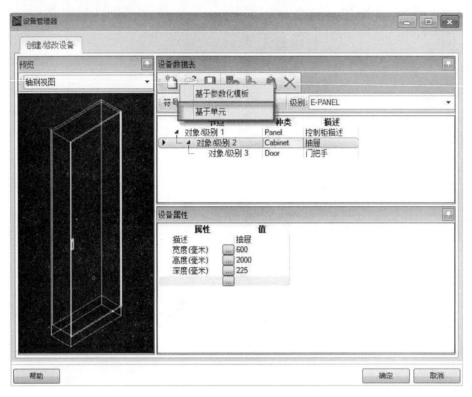

图 12.2-16　基于单元创建设备

选择二维单元、三维单元，并输入描述"lamp"，此为设备的名称。如图 12.2-17所示。

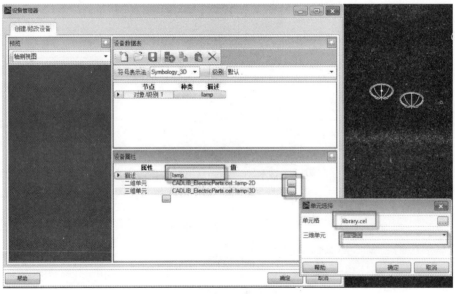

图 12.2-17　选择单元

可添加设备属性。如图 12.2-18 所示。

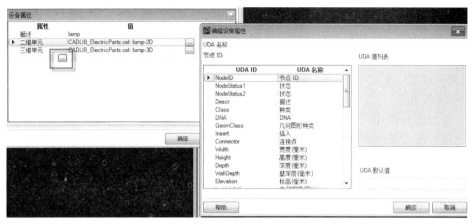

图 12.2-18　添加设备属性

4）保存后，则完成以单元创建设备。

12.3　设置桥架容积率

默认的桥架容积率在工程设计时，如果满足不了需求，用户可自行定义桥架容积率。点击任务栏中"BRCM 设置"\"选项"\"桥架规范"下的容积率类别，可增减容积率。如图 12.3-1 所示。

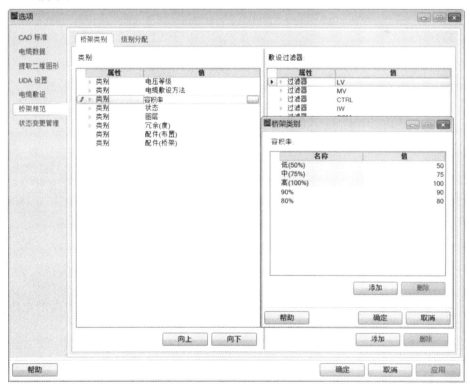

图 12.3-1　增减桥架容积率

12.4 设置电压等级

在工程设计时，如果电压等级不满足需求，或者电压等级的设置根据别的规则来设置，则可增加或者修改电压等级。

操作步骤如下：

1）点击任务栏中"BRCM 设置"\"选项"\"电缆数据"\"电缆电压等级"，添加新电压等级"HV"。如图 12.4-1 所示。

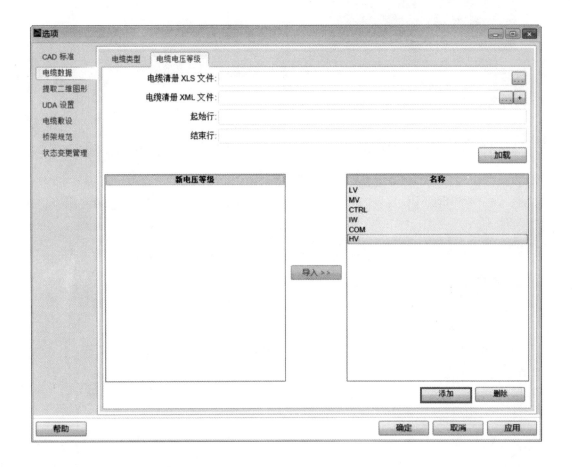

图 12.4-1　增加电压等级

2）在"桥架规范"\"桥架类别"\"电压等级"中增加电压等级，并和电缆的电压等级匹配关联。如图 12.4-2 所示。

图 12.4-2　电压等级关联

12.5　定制电缆清册配置模板

在导入电缆清册时，可根据电缆清册格式定制电缆清册配置模板。如图 12.5-1 所示。

图 12.5-1　定制电缆清册模板

"起始行"：为电缆清册中除去表头内容，表格的起始行。

"结束行"：大于或者等于表格中电缆的行数。

"电缆 ID"：电缆编号。

"敷设过滤器"：电缆的电压等级，此列为必须项，敷设的时候根据电压等级选择桥架路径。

"电缆类型"：电缆规格。

"源 ID"：电缆连接的来向设备名称。

"目标 ID"：电缆连接的去向设备名称。

"电压等级"：电缆的电压等级，同"敷设过滤器"。

> 注：以上几项为必填项。

点击"保存"命令，可将电缆清册配置保存为"XXX. xml"文件，此文件作为导入电缆清册的配置模板，可存储于任意位置，推荐存储于当前工程下，或者公共"dataset"下，方便后面使用。

12.6 导入电缆类型

ZY12.6-1
定制电缆清册导入
格式、导入电缆类型

电缆清册中涉及的电缆规格在 BRCM 中不存在时，可预先批量导入电缆规格。在导入电缆清册时，无需逐一设置电缆规格的缆径、高度等信息。

电缆规格文件为 Excel 格式，文件样式可自定义。如图 12.6-1 所示。

Cable Type	Max Length	Max Load	Unit	Diameter	Weight	Match Code	Fire Load	Priority	Cable Type_oid
LV Cable 0,6/1kV 4x1,5 PVC/PVC	100	0.2	mm	0.3	400	5	6	1	YY-J 0,6/1 4x1,5RE
LV Cable 0,6/1kV 4x2,5 PVC/PVC	1,607	0.18	mm	0.5	200		0	2	YY-J 0,6/1 4x2,5RE
LV Cable 0,6/1kV 4x4 PVC/PVC	2,558	0.18	mm	0.67	325		1.25	3	YY-J 0,6/1 4x4RE
LV Cable 0,6/1kV 4x6 PVC/PVC	3,777	0.18	mm	0.5	200		0	4	YY-J 0,6/1 4x6RM
LV Cable 0,6/1kV 4x10 PVC/PVC	6,213	0.18	mm	0.5	200		0	5	YY-J 0,6/1 4x10RM
LV Cable 0,6/1kV 4x16 PVC/PVC	9,541	0.18	mm	0.5	200		0	6	YY-J 0,6/1 4x16RM
LV Cable 0,6/1kV 3x25/16 PVC/PVC	14,329	0.18	mm	0.5	200		0	7	YY-J 0,6/1 3x25RM/16RM
LV Cable 0,6/1kV 3x35/16 PVC/PVC	18,944	0.18	mm	0.5	200		0	8	YY-J 0,6/1 3x35RM/16RM
Cable Type 0,6/1kV 3x35/16 PVC/PVC	24,155	0.18	mm	0.5	20		0	9	YY-J 0,6/1 3x50SM/25RM

图 12.6-1 电缆规格文件

> 注：此文件中的"cable type"、"diameter"、"unit"以及"weight"项为必填项。

导入步骤为：

(1) 点击任务栏中"BRCM 设置"\"选项"\"电缆数据"\"电缆类型"，弹出如图 12.6-2 所示对话框。

(2) 选择电缆类型 XLS 文件"CableType. xls"，选择电缆类型 XML 文件"IMPORT_CableType. xml"，点击"加载"命令，批量自动加载电缆类型。用户也可选择"添加"

图 12.6-2 电缆数据对话框

命令来手动加载电缆类型。

注：如果没有此电缆类型配置文件"IMPORT_ CableType.xml"，可点击图 12.6-2 中的"电缆类型 XML 文件"项后面的"＋"号，自定义电缆规格配置文件模板。如图 12.6-3 所示。

"起始行"：为电缆规格中除去表头内容，表格的起始行。

"结束行"：大于或者等于表格中电缆规格的行数。

"名称（cable type）"：电缆规格。

"单位"：电缆缆径的单位，公制一般为 mm。

"直径"：电缆的外径。

"重量"：电缆的重量，单位为 kg/km。

注：以上几项为必填项。

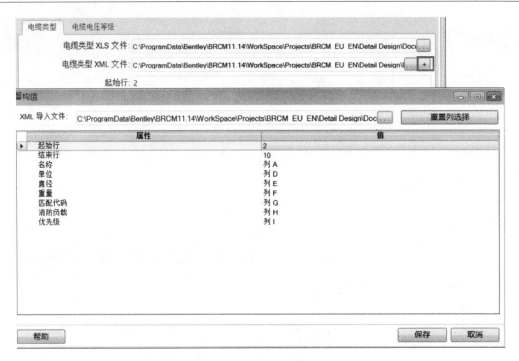

图 12.6-3 电缆规格配置

12.7 定制报表模板

点击任务栏"BRCM 详细设计"下的"S-1 输出管理器"命令可定制报表模板。

ZY12.7-1

定制报表模板

图 12.7-1 BRCM 详细设计

点击命令后，弹出如图 12.7-2 所示的对话框。

可利用工具栏 ⬜⬜⬜⬜⬜⬜✖ 来新建模板、复制模板、编辑模板等操作。

（1）⬜"新建模板"，点击此命令，用户可以利用 SQL 语句生成一个新的模板，如图 12.7-3 所示。

（2）⬜"编辑报表模板"，点击此命令，用户可以编辑已有的模板。

（3）⬜"添加新文件夹"，点击此命令，用户可以添加一个新的报表类型。

（4）⬜"复制"，点击此命令，用户可以复制已有的模板。

（5）⬜"粘贴"，点击此命令，用户可以将复制的已有模板粘贴为新的模板。

（6）✖"删除"，点击此命令，删除选中的模板。

图 12.7-2 输出管理器

图 12.7-3 新建模板

【工程练习】在已有的"详设阶段_材料统计表_类型 I"的基础上，新建新的 BOM 模板。

操作步骤：

(1) 点击"详设阶段_材料统计表_类型 I"，点击  "复制"命令，如图 12.7-4 所示。

图 12.7-4 复制模板

(2) 点击 "粘贴"，添加"Detail_BOQ - Copy"，鼠标左键点选此模板，修改为"详设阶段_BOM"，如图 12.7-5 所示。

(3) 点中此"详设阶段_BOM"模板，点击 "编辑报表模板"命令进行编辑，如图 12.7-6 所示。

(4) 编辑此模板，软件弹出如下对话框，证明没有选中任何的图纸来出报表，只是编辑此模板，点击"Yes"进行编辑，如图 12.7-7 所示。

(5) 编辑报表模板，如图 12.7-8 所示。

图 12.7-5　粘贴模板

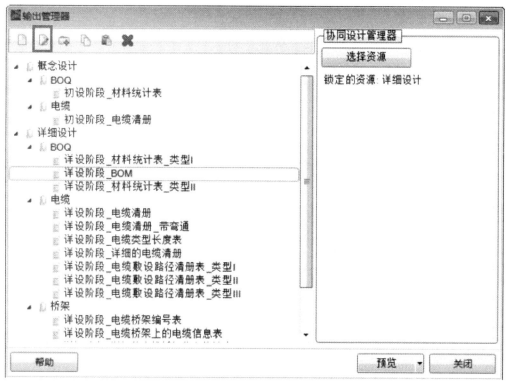

图 12.7-6　编辑模板（1）

图 12.7-7 编辑模板（2）

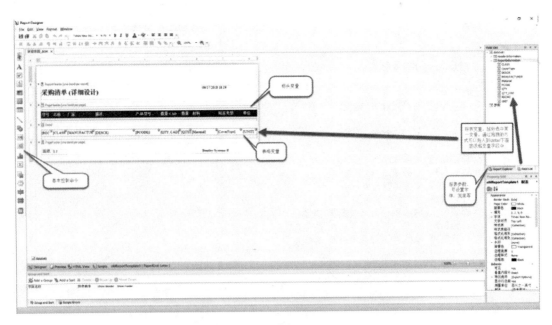

图 12.7-8 编辑模板（3）